U0560982

作者简介

　　刘瑞璞，1958年1月生，天津人，北京服装学院教授，博士研究生导师，艺术学学术带头人。研究方向为服饰符号学，创立中华民族服饰文化的结构考据学派和理论体系。代表作：《中华民族服饰结构图考（汉族编、少数民族编）》《清古典袍服结构与文章规制研究》《中国藏族服饰结构谱系》《旗袍史稿》《苗族服饰结构研究》《优雅绅士 1-6卷》等。

　　李华文，1994年9月生，福建三明人，中央民族大学民俗学博士研究生。代表作：《从发式到发冠：晚清大拉翅标本研究及形制分析》《大拉翅结构与规制考释》《晚清满族女子扁方与发式配伍研究》等。

国家出版基金项目
NATIONAL PUBLICATION FOUNDATION

肆

大拉翅与衣冠制度

满族服饰研究

刘瑞璞 著
李华文

东华大学
出版社·上海

内容提要

　　《大拉翅与衣冠制度》系五卷本《满族服饰研究》的第四卷。以清晚期具有标志性的满族妇女大拉翅常服冠标本的整理为线索，结合文献、图像史料考证，对大拉翅结构与形制的历史文脉、规律特征、制式样貌等进行系统整理。特别通过大拉翅结构、工艺和技术的复原，首次以完整的实物文献得以呈现。研究显示，中国冠史还没有哪一种冠像大拉翅那样由发髻演变成帽冠，它从满洲祖俗的辫发盘髻，到小两把头、两把头、架子头，再到晚清的大拉翅，脉络清晰却充斥着满俗传统。而它的礼制却是去卑存尊的趋势。种种证据表明，正是慈禧塑造了它而产生大拉翅诸多谜题。但可以肯定的是，从两把头到大拉翅，其中扁方的灵魂永在，刻纹非富即贵，纹必有意，意肇中华。讽刺的是，不论是大拉翅还是扁方，到了清末尽失朴素风尚，也把大清王朝送进了历史。读者通过本丛书总序《满族，满洲创造的不仅仅是中华服饰的辉煌》的阅读会有深刻认识。

图书在版编目(CIP)数据

　　满族服饰研究. 大拉翅与衣冠制度 / 刘瑞璞，李华文著. —上海：
东华大学出版社，2024.12
ISBN 978-7-5669-2443-8

　　Ⅰ. TS941.742.821

　　中国国家版本馆CIP数据核字第2024YL2098号

责任编辑　吴川灵　谭　英　冀宏丽
装帧设计　刘瑞璞　吴川灵　璀采联合
封面题字　卜　石

满族服饰研究：大拉翅与衣冠制度
MANZU FUSHI YANJIU： DALACHI YU YIGUAN ZHIDU

刘瑞璞　著
李华文

出　　版：东华大学出版社（上海市延安西路1882号，200051）
本 社 网 址：http://dhupress.dhu.edu.cn
天猫旗舰店：http://dhdx.tmall.com
营 销 中 心：021-62193056　62373056　62379558
电 子 邮 箱：805744969@qq.com
印　　刷：上海颛辉印刷厂有限公司
开　　本：889 mm×1194 mm　1/16
印　　张：13.75
字　　数：480千字
版　　次：2024年12月第1版
印　　次：2024年12月第1次
书　　号：ISBN 978-7-5669-2443-8
定　　价：228.00元

总 序

满族，满洲创造的不仅仅是中华服饰的辉煌

一

满族服饰研究或许与其他少数民族服饰研究有所不同。

中国古代服饰，没有哪一种服饰像满族服饰那样，可以管中窥豹，中华民族融合所表现的多元一体文化特质是如此生动而深刻。因为，"满族"是在后金天聪九年（1635年），还没有建立大清帝国的清太宗皇太极就给本族定名为"满洲"，第二年（1636年）于盛京（今辽宁省沈阳市）正式称帝，改国号为清算起，到1911年清王朝覆灭，具有近300年的辉煌历史的一个少数民族。"满洲开创的康雍乾盛世是中国封建社会发展的最后一座丰碑；满洲把中国传统文化推上中国封建社会最后一个高峰，……是继汉唐之后一代最重要的封建王朝"（《新编满族大辞典》前言）。这意味着满族历史或是整个大清王朝的历史，满族服饰或是整个清朝的服饰，是创造中华古代服饰最后一个辉煌时代的缩影。旗袍成为中华民族近现代命运多舛且凤凰涅槃的文化符号。无论学界有何种争议，满族所创造的中华辉煌却是不争的事实。至少在中国古代服饰历史中，还没有以一个少数民族命名的服饰而彪炳青史，而且旗袍在中国服制最后一次变革具有里程碑的意义就是成为结束帝制的文化符号，真可谓成也满族败也满族。不仅如此，研究表明，还有许多满族所创造的深刻而生动的历史细节，比如挽袖的满奢汉寡、错襟的满繁汉简、戎服的满俗汉制、大拉翅的衣冠制度、满纹必有意肇于中华等。这让我们重新认识满族和清朝的关系，满族在治理多民族统一国家中的特殊作用。这在满学和清史研究中是不能绕开的，特别是进入21世纪，伴随我国改革开放学术春天的到来，满学和清史捆绑式的研究模式凸显出来，且取得前所未有的成就。正是这样的学术探索，发现满族不是一个简单的族属范畴，它与清朝的关系甚至是一个硬币的两面不可分割，这就需要弄清楚满族和满洲的关系。

二

　　满族作为族名的历史并不长，是在中华人民共和国成立之后确定的，之前称满洲。自皇太极于1635年改"女真"定族名为"满洲"，成就了一个大清王朝。满洲作为族名一直沿用到民国。值得注意的是，在改称满洲之前所发生的事件对中华民族政权的走势产生了深刻影响。建州女真首领努尔哈赤，对女真三部的建州女真、东海女真和海西女真实现了统一，这种统一以创制"老满文"为标志。作为准国家体制建设，努尔哈赤于1615年完成了八旗制的创建，使原松散的四旗制变为八旗制的族属共同体，1616年在赫图阿拉（辽宁境内）称汗登基，建国号金，史称后金。这两个事件打下了大清建国的文化（建文字）和制度（八旗制政体）的基础。1626年，努尔哈赤死，其子皇太极继位后也做了两件大事。首先是进一步扩大和强化"族属共同体"，为提升其文化认同，对老满文进行改进提升为"新满文"；其次为强化民族认同的共同体意识，在1635年宣布在"女真"族名前途未定的情况下，最终确定本族族名为"满洲"。"满"或为凡属女真族的圆满一统；"洲"为一个更大而统一的大陆，也为"中华民族共同体"清朝的呼之欲出埋下了伏笔。历史也正是这样书写的，皇太极于宣布"满洲"族名的转年（1636年）称帝，国号"大清"。然而，满洲历史可以追溯到先秦，或与中原文明相伴相生，从不缺少与中原文化的交往、交流、交融。有关满洲先祖史料的最早记载，《晋书·四夷传》说"肃慎氏在咸山北"，即长白山北，是以向周武王进贡"楛矢石砮"[1]而闻名。还有史书说，肃慎存在的年代大约在五帝至南北朝之间，比其后形成的部落氏族存续的时间长。红山文化考古的系统性发现，或对肃慎氏族与中原文明同步的"群星灿烂"观点给予了有力的实物证据，也就是发达的史前文明，肃慎活跃的远古东北并不亚于中原。满洲先祖肃慎之后又经历了挹娄、勿吉和靺鞨。史书记载，挹娄出现在

1　楛（hù）是指荆一类的植物，其茎可制箭杆，楛矢石砮就是以石为弹的弓砮，这在西周早期的周武王时代算是先进武器。在国之大事在祀与戎时代，肃慎氏族进贡楛矢石砮很有深意。

东汉，勿吉出现在南北朝，南北朝至唐是靺鞨活跃的时期。然而据《北齐书》记载，整个南北朝是肃慎、勿吉、靺鞨来中原朝贡比较集中的时期，南北朝后期达到高峰。这说明两个问题，一是远古东北地区多个民族部落联盟长期共存，故肃慎、挹娄、勿吉、靺鞨等并非继承关系，而是各部族之间分裂、吞并形成的长期割据称雄的局面。《北齐书·文宣帝纪》："天保五年（554年）秋七月戊子，肃慎遣使朝贡。" 而挹娄早在东汉就出现了。同在北齐的天统五年（569年）、武平三年（572年）分别有靺鞨、勿吉遣使朝贡的记载，而且前后关系是打破时间逻辑的，说明它们是各自的部落联盟向中央朝贡。虽然有简单的先后顺序出现，也在特定的历史时期共治共存。这种局面又经历了渤海国，到了女真政权下的金国被打破了。1115年，北宋与辽对峙已经换成了金，标志性的事件就是，由七个氏族部落组成的女真部落联盟首领完颜阿骨打建国称帝，国号大金，定都会宁府。这意味着，肃慎、挹娄、勿吉、靺鞨等氏族部落相对独立而漫长的分散格局，到了金形成了以女真部落联盟为标志的统一政权。蒙元《元史·世祖十》："定拟军官格例"……"若女直、契丹生西北不通汉语者，同蒙古人；女直生长汉地，同汉人。"唯继续留在东北故地的女真族仍保持本族的语言和风俗，也为明朝的女真到满洲的华丽变身保留了根基和文脉。这就是满洲形成前的建州女真、海西女真和东海女真的格局。1635年，皇太极诏改"诸申"（女真）为"满洲"，真正实现了女真大同。

这段满洲历史可视为，上古东北地区多个氏族部落联盟的共存时代和中古东北地区女真部落联盟时代。它们的共同特点是，即便发展到女真部落联盟，也没有摆脱建州女真、海西女真和东海女真的政权割据。因此，"满洲"从命名到伴随整个清朝历史的伟大意义，很像秦始皇统一六国，开创大一统帝制纪元一样，成为创造中华最后一个辉煌帝制的见证。

<h1 style="text-align:center">三</h1>

"满洲"作为统治多民族统一的最后一个帝制王朝的少数民族，它所创造的辉煌、疆域和史乘，或在中国历史上绝无仅有。这里先从中国历代帝制年代的坐标中去看清王朝的历史，发现"满洲"（满族）的历史正是整个清朝

的历史。这种算法是从1635年皇太极诏改"女真"为"满洲"，转年1636年称帝立国号"大清"算起，到1911年清灭亡共276年，而官方对清朝纪年是从1644年入关顺治元年算起是268年。值得注意的是，正是在入关前的这不足十年里孕育了一个崭新的"民族共同体"满洲，它为创建清朝的"中华民族共同体"功不可没。不仅如此，清朝历史也在中国历代帝制的统治年代中名列前茅，若以少数民族统治的帝制朝代统计，清朝首屈一指。

根据官方的中国帝制历史年代的统计：秦朝为公元前221至前206年，历时16年；西汉为公元前206至公元25年，历时231年；东汉为公元25至公元220年，历时196年；三国为公元220至280年，历时61年；西晋为公元265至317年，历时53年；东晋为公元317至420年，历时104年；南北朝为公元420至589年，历时170年；隋朝为公元581至618年，历时38年；唐朝为公元618至907年，历时290年；五代十国为公元907至960年，历时54年；北宋为公元960至1127年，历时168年；南宋为公元1127至1279年，历时153年；元朝为公元1271至1368年，历时98年；明朝为公元1368至1644年，历时277年。统治时间在200年以上的朝代是西汉、唐、明和清，如果根据统治时间长短计算依次为唐、明、清和西汉；以少数民族统治帝制王朝的时间长短计算，依次为清268年、南北朝170年和元98年。

从满洲统治的清朝历史、民族大义和民族关系所呈现的史乘数据，只说明一个问题，满族——满洲创造的不仅仅是一个独特历史时期的中华服饰文化，更是一个完整的多民族统一的帝制辉煌。满洲在中国近古历史所发挥的作用，从清朝的治理成就到疆域赋予的"中华民族共同体"都值得深入研究。《新编满族大辞典》前言给出的成果指引值得思考与探索：

满洲作为有清一代的统治民族，主导着中国社会近300年历史的发展。它打破千百年来沿袭的"华夷之辨"的传统观念，确立并实践了"中外一体"的新"大一统"的民族观；它突破传统的"中国"局限，重新给"中国"加以定位。……把"中国"扩展到"三北"地区，将秦始皇创设的郡县制推行到各边疆地区：东北分设三将军、内外蒙古行盟旗制；在西北施行将军制、盟旗、伯克及州县等制；在西藏设驻藏大臣；在西南变革土司制，改土归流。一国多制，一地多制，真正建立起空前"大一统"的多民族的国家，

4

实现了至近代千百年来制度与管理体制的第一次大突破，以乾隆二十五年（1760）之极盛为标志，疆域达1300万平方公里。

满洲创建的"大清王朝"享国268年，其历时之久、建树之多、政权规模之宏大，以及疆域之广、人口之巨，实集历代之大成，是继汉唐之后一代最重要的封建王朝。

满洲改变和发展近代中国，文"化"中国，为近代中国定型，又是清以前任何一代王朝所不可比拟的。……如果没有满洲主导近代中国历史的发展，就没有当今中国的历史定位，就没有今日中国辽阔的疆域，亦不可能定型中华民族大家庭的新格局。

四

学界就清史和满学而言，惯常都会以清史为着力点，或以此作为满学研究的纵深，而忽视了满学可以开拓以物证史更广泛的实证系统和方法。这种以满学为着力点的清史研究的逆向思维方法，通常会有学术发现，甚至是重要的学术发现。满族服饰研究确是小试牛刀而解决长久以来困扰学界的有史无据问题。通过实物的系统研究，真正认识了满族服饰研究，不是单纯的民族服饰研究课题，并得到确凿的实证。其中的关键是要深入到实物的结构内部，因此获取实物就成为研究文献和图像史料的重要线索，这就决定了满族服饰研究不是史学研究、类型学研究、文献整理，而是以实物研究引发的学术发现和实物考证。《满族服饰研究》的五卷成果，卷一满族服饰结构与形制、卷二满族服饰结构与纹样、卷三满族服饰错襟与礼制、卷四大拉翅与衣冠制度、卷五清代戎服结构与满俗汉制，都是以实物线索考证文献和图像史料取得的成果。当然，官方博物馆有关满族服饰的收藏，特别是故宫博物院的收藏更具权威性，同时带来的问题是，它们偏重于清宫旧藏，难以下沉到满族民间。在实物类型上，由于历史较近，实物丰富，并易获得，更倾向于华丽有经济价值的收藏，因此像朴素的便服、便冠大拉翅等表达市井的世俗藏品，即便是官定的戎服，如果是兵丁棉甲等低品实物都很少有系统的收藏，"博物馆研究"自然不会把重点和精力投注上去。最大的问题还是，"国家文物"面向社会的开放性政策和学术生态还不健全。而正是这些世俗藏品承载了广泛而深厚的满俗文化和族属传统。这就是为什么民间收藏家的藏品成为本课题研究的关键。清代蒙满汉服饰收藏大家王金华先生，不能说"藏可敌国"，也可谓盛世藏宝在民间的标志性人物。他的"蒙满汉至藏"专题收藏和学术开放精神令人折服。重要的是，需要深耕和系统研究才会发现它们的价值。经验和研究成果告诉我们，"结构"挖掘成为"以物证史"的少数关键。

五

关于"满族服饰结构与形制"。王金华先生的"蒙满汉至藏"，这个专题性收藏不是偶然的，因是不能摆脱蒙满汉服饰"涵化"所呈现它们之间的模糊界限。如果没有纹饰辨识知识的话，单从形制很难区分，正是结构研究又使它们清晰起来。

学界对中华服饰的衍进发展，认为是通过变革推进的，主流有两种观点。第一种观点是"三次变革"说。第一次变革是以夏商周上衣下裳制到战国赵武灵王"胡服骑射"为标志、深衣流行为结果，确立为先秦深衣制；第二次变革是从南北朝到唐代，由汉魏单一系统变为华夏与鲜卑两个来源的复合系统；第三次变革是指清代，以男子改着满服为标志，呈现华夏传统服制中断为表征。第二种观点是"四次变革"说，是在以上三次变革说的基础上，增加了一次清末民初的"西学中用说"，强调女装以旗袍为标志的立足传统加以"改良"，男装以中山装成功中国化为代表的"博采西制，加以改良"（孙中山1912年2月4日《大总统复中华国货维持会函》），成为去帝制立共和的标志性时代符号。然而，上述无论哪种说法都有史无据，忽视了对大量考古发现实物的考证，即便有实物考证也表现出重形制、轻结构的研究，更疏于对形制与结构关系的探索。就"三次变革"和"四次变革"的观点来看，有一点是共通的，就是无论第三次还是第四次变革都与满族有关；还有一个共同的地方，就是两种观点都没有指出三次或四次形制变革的结构证据。而结构的解读，对这种三次或四次变革说或是颠覆性的。满族服饰结构与形制的研究，如果以大清多民族统一王朝的缩影去审视，它不仅没有中断华夏传统服制，更是为去帝制立共和的到来创造了条件，打下了基础。我们知道，清末民初不论是女装的旗袍还是男装的中山装，都不能摆脱"改良"的社会意志，而这些早在晚清就记录在满族服饰从结构到形制的细节中。

从满族服饰的形制研究来看，无论是男装还是女装都锁定在袍服上，而袍服在中国古代服饰历史上并不是满族所特有。台湾著名史学家王宇清先生在《历代妇女袍服考实》中说，袍为"自肩至跗（足背）上下通直不断的长衣……曰'通裁'；乃'深衣'改为长袍的过渡形制"。可见，满族无论是女人的旗袍，还是男人的长袍，都可以追溯到上古的深衣制。这又回到先秦的"上衣下裳制"和"深衣制"的关系上。事实上，自古以来从宋到明末清初考据家们就没有破解过这个谜题，最大的问题就是重道轻器，重形制轻格物（结构），当然也是因为没有实时的文物可考。今天不同了，从先秦、汉唐、宋元到明清完全可以串成一个古代服饰的实物链条，重要的是要找出它们承袭的结构谱系。"上衣下裳"和"深衣制"衍进的结构机制是相对稳定的，且关系紧密。"上衣下裳"表现出深衣的两种结构形制：一是上衣和下裳形成组配，如上衣和下裙组合、上衣和下裤组合；二是上衣和下裙拼接成上下连属的袍式。班固在汉书中解释为《礼记·深衣》的"续衽钩边"。还有一种被忽视的形制就是"通袍"结构，由于古制"袍"通常作为"内私"亵衣（私居之服），难以进入衣冠的主流。东汉刘熙《释名·释衣服》曰："袍，丈夫著下至跗者也。袍，苞也；苞，内衣也。"明朝时称亵衣为中单，且成为礼服的标配。袍的亵衣出身就决定了，它衍变成外衣，或作为外衣时，就不可以登大雅之堂。这就是为什么在汉统服制中没有通袍结构的礼服，而深衣的"续衽钩边"是存在的，只是去掉了"上衣下裳"的拼接。这就是王宇清先生考证袍为"通裁"，是"深衣"（上下拼接）改为长袍的过渡形制。这种对深衣结构的深刻认知，在大陆学者中是很少见的。

由此可见，自古以来，"上衣下裳制"、"深衣制"和"通袍制"所构成的结构形制贯穿整个古代服饰形态。值得注意的是，三种结构形制有一个不变的基因，即"十字型平面结构"中华系统。这就意味着，中华古代服饰的"三次变革"的观点是存疑的，至少在结构上没有发生革命性的益损，这很像我国的象形文字，虽经历了甲骨、篆、隶、草、楷，但它象形结构的基因没有发生根本性的改变。如果说变革的话，那就是民族融合涵化的程度。汉族政权中，"上衣下裳制"和"深衣制"始终成为主导，"通袍制"为从属地位。即便是少数民族政权，为了宣示正宗和儒统，也会以服饰三制为法统，如北魏。这种情形的集大成者，既不是周汉，也不是唐宋，而是大明，这正是历代袍服实物结构的考证给予支持的。

明朝服制"上承周汉，下取唐宋"，这几乎成为明服研究的定式，而实物结构的研究表明，其主导的结构形制却呈现"蒙俗汉制"的特征，或是上衣下裳、深衣和通袍制多元一体民族融合的智慧表达。朝祭礼服必尊汉统，上衣下裳（裙），内服中单，交领右衽大襟广袖缘边；赐服曳撒式深衣，交领右衽大襟阔袖云肩襴制；公常服通裁袍衣，盘领右衽大襟阔袖胸背制。所有不变的仍是"十字型平面结构"。所谓上承周汉，就是朝祭礼服坚守的上衣下裳制，而赐服和公常服系统从唐到宋就定型为胡汉融合的风尚了，到明朝与其说是恢复汉统不如说是"蒙俗汉制"。这种格局，从服饰结构的呈现和研究的结果来看，清朝以前的历朝历代都未打破，只有在清朝时被打破了，袍服被推升到至高无上的地位。朝服为曳撒式深衣，圆领右衽大襟马蹄袖；吉服为通裁袍服，圆领右衽大襟马蹄袖；常服为通裁袍服，圆领右衽大襟平袖。这种格局，深衣制为上，袍制为尊，上衣下裳用于戎甲或亵衣；形制从盘领右衽大襟变为圆领右衽大襟，废右衽交领大襟；袖制以窄式马蹄袖为尊，阔袖为卑。这或许是第三次变革，华夏传统服制被清朝中断的依据。然而满族服饰结构的研究表明，它所坚守的"十字型平面结构"系统，比任何一个朝代更充满着中华智慧，正是窄衣窄袖对褒衣博带的颠覆，回归了格物致知的中华传统，才有了民初改朝易服的窄衣窄袖的"改良"。这种情形在满族服饰的错襟技术中表现得更加深刻。

<h1 style="text-align:center">六</h1>

关于"满族服饰错襟与礼制"。错襟在清朝满人贵族妇女身上独树一帜的惊艳表现，却是为了弥补圆领大襟繁复缘边结构的缺陷。礼制也因此而产生：便用礼不用，女用男不用，满奢汉寡。且又与历史上的"盘领"和"衽

式"谜题有关。盘领右衽大襟在唐朝就成为公服的定制，公服作为官员制服，盘领右衽大襟是它的标准形制，又经历了两宋内制化的修炼，即便在蒙元短暂的停滞，到了明代又迅速恢复并成集大成者，这就衍生出盘领右衽大襟的公服和常服两大系统，盘领袍也就成为中国古代官袍的代名词。明盘领袍和清圆领袍在结构上有明显的区别，而在学术界的混称正是由于对结构研究的缺失所致。还有一个"衽式"的谜题。事实上这两个问题的关键都是结构由盘领到圆领、从左右衽共存到右衽定制，才催生了错襟的产生。关键因素就是袍制结构在清朝被推升为以"满俗汉制"为标志的至高无上的地位。

那么为什么在清以前的明、宋、唐的官袍称盘领袍，而清朝袍服称圆领袍？在结构上有什么区别？明、宋、唐官袍的盘领都是因为素缘而生，而清代袍服的圆领多为适应繁复缘边而盛行。为什么会出现这种现象仍是值得研究的课题，但有一点是肯定的，前朝官袍盘领结构，是为了强调"整肃"，而在古制右衽大襟交领基础上，存右衽大襟，改交领为圆领且向后颈部盘绕更显净素，但就形制出处已无献可考。据史书记载，盘领袍式多来自北方胡服，这与唐朝不仅尚胡俗，还与君主有鲜卑血统有关。北宋沈括在《梦溪笔谈》记："中国衣冠，自北齐以来，乃全用胡服。"初唐更是开胡风之先河，"慕胡俗、施胡妆、着胡服、用胡器、进胡食、好胡乐、喜胡舞、迷胡戏，胡风流行朝野，弥漫天下。"而官服制度是个大问题，尤其"领"和"袖"，因此右衽大襟盘领和素缘便是"整肃"的合理形式。清承明制，从明盘领官袍到清圆领袍服正是它的物化实证。而随着繁复缘边的盛行，盘领结构是无法适应的。这也并非满人的审美追求所致，而与完善"清制"有关。乾隆三十七年上谕内阁的谕文，中心思想就是"即取其文，不沿其式"，也就是承袭前制衣冠，可取汉制纹章，不必沿用其形式。这就是为什么在清朝，以袍式为核心的满俗服制中汉制服章大行其道的原因，这其中就有朝服的云肩襕纹、吉服的十二章团纹、官服的品阶补章。十八镶滚的错襟正是在这个背景下产生的，从明盘领结构到清圆领结构正是"不沿其式"的改制为繁复缘边的错襟发挥提供了条件。值得注意的是，它"独树一帜的惊艳表现"，是让结构技术的缺陷顺势发挥"将错就错"的智慧，"以志吾过，且旌善人"（《左传·僖公二十四年》），大有强化右衽儒家图腾的味道。因为女真先祖"被发左衽"的传统，到了满洲大清完全变成了"束发右衽"的儒统，"错襟"或出于蓝而胜于蓝。

中华服制，东夷西戎南蛮北狄左衽，中原右衽，最终"四夷左衽"被中原汉化，右衽成为民族认同的文化符号。这种观点在今天的学界仍有争议。有学者认为："左衽右衽自古均可，绝非通例。"这确实需要证据，特别是技术证据。成为主流观点的"四夷左衽、中原右衽"是因为它们都出自经典，《论语·宪问》中孔子说："管仲相桓公，霸诸侯，一匡天下，民到于今受其赐。微管仲，吾其被发左衽矣。"意为惟有管仲，免于我们被夷狄征服。《礼记·丧大记》说："小敛大敛，祭服不倒，皆左衽，结绞不纽。"世俗右衽，逝者不论入殓大小，丧服都左衽不系带子。《尚书·毕命》说："四夷左衽，罔不咸赖，予小子永膺多福。"四方蛮夷不值得信赖。不用说它们都出自儒家经典，所述之事也都是原则大事，这与后来贯通的儒家右衽图腾的中华衣冠制不可能没有逻辑关系。

争议的另一个焦点是考古发现和文化遗存的左右衽共存。比较有代表性的是河南安阳殷商墓出土的右衽玉人；四川三星堆出土了大量左衽青铜人，标志性的是左衽大立人铜像；山西侯马东周墓出土的男女人物陶范均为左衽；山西大同出土了大量的彩绘陶俑，表现出左右衽共治；山西芮城著名的元代永乐宫道教壁画，系统地表现众天神帝王衣冠，也是左右衽共治。对这些考古发现和文化遗存信息分析，不难发现衽式的逻辑。凡是出土在中原的多为右衽，山西侯马东周墓出土的男女人物陶范均为左衽，翻造后正是右衽；在非中原的多为左衽，如四川三星堆。在中原出现左右衽共治的多为少数民族统治的王朝，如大同出土的北魏彩绘陶俑和元朝永乐宫的壁画。

由此可见，只有满洲的大清王朝似乎比其他少数民族政权更深谙儒家传统。自皇太极1635年定族名为"满洲"，1636年称帝，大清王朝建立，从努尔哈赤到最后一个清帝王御像都是右衽袍服。但这不意味着它没有"被发左衽"的历史，一个很重要的例证就是太宗孝庄文皇后御像，就是左衽大襟常服袍（《紫禁城》2004年第2期）。其中有三个信息值得关注，清早期，女袍和非礼服偶见右衽，这只是昙花一现。进入到清中期之后，女性的代表性非礼服就由氅衣和衬衣取代了，典型的圆领右衽大襟也为各色繁复缘边错襟的表达提供了机会。值得注意的是，十八镶滚缘饰工艺和错襟技术，必须确立

10

统一的右衽式，也就不可能一件袍服既可以左衽又可以右衽。追溯衽式的历史，就结构技术而言，任何一个朝代必须确认一个主导衽式才能去实施，左衽？右衽？必做定夺。因此，"左衽右衽自古均可，绝非通例，"清朝满洲坚守的错襟右衽儒家图腾给出了答案。

七

关于"满族服饰结构与纹样"。纹必有意，意必吉祥，纹肇中华的服章传统在清朝达到顶峰。然而，人们过多关注清代朝吉礼服的纹章制式，如朝服的柿蒂襴纹、吉服的团纹、朝吉礼服的十二章纹、官服的补章等，它们形式布局有严格的制度约束，纹章等级是严格对应形制等级的。而真实反映满族日常生活的却是在满族妇女的常便服上，但捕捉它们并不容易，寻找服饰结构与纹样的规律更是困难。因为根据清律，女人常便之服不入典，实物研究就成为关键。值得注意的是，不论是朝吉礼服还是常便之服，特别是满洲统治最后一个多民族一统的帝制王朝，都不能摆脱国家服制的制约，即便是不入典的妇女常便之服。实物研究表明了深隐的大清衣冠治国与民族涵化的智慧，且都与乾隆定制有关。这在乾隆三十七年的《嘉礼考》上谕可见"国家服制"是如何塑造民族涵化的国家社稷。为了完整了解乾隆定制的民族涵化国家意志，这里将上谕原文呈录并作译文，可深入认识满人如何处理服制的"式"和"文"的关系并治理国家的。

○癸未谕，朕阅三通馆进呈所纂嘉礼考内，于辽、金、元各代冠服之制，叙次殊未明晰。辽、金、元衣冠，初未尝不循其国俗，后乃改用汉唐仪式。其因革次第，原非出于一时。 即如金代朝祭之服，其先虽加文饰，未至尽弃其旧。至章宗乃概为更制。是应详考，以征蔑弃旧典之由，并酌入按语，俾后人知所鉴戒，于辑书关键，方为有当。若辽及元可例推矣。前因编订皇朝礼器图，曾亲制序文，以衣冠必不可轻言改易，及批通鉴辑览，又一一发明其义，诚以衣冠为一代昭度。夏收殷冔，不相沿袭。凡一朝所用，原各自有法程，所谓礼不忘其本也。自北魏始有易服之说，至辽、金、元诸君，浮慕好名，一再世辄改衣冠，尽去其纯朴素风。传之未久，国势寖弱，浸及沦胥，……况撄其议改者，不过云衮冕备章，文物足观耳。殊不知润色章身，即取其文，亦何必仅沿其式？如本朝所定朝祀之服，山龙藻火，粲然具列，皆义本礼经，而又何通天绛纱之足云耶？且祀莫尊于天祖，礼莫隆于郊庙，溯其昭格之本，要在乎诚敬感通，不在乎衣冠规制。夫万物本乎天，人本乎祖，推原其义，实天远而祖近。设使轻言改服，即已先忘祖宗，将何以上祀天地，经言仁人飨帝，孝子飨亲，试问仁人孝子，岂二人乎，不能飨亲，顾能飨帝乎。朕确然有见于此，是以不惮谆复教戒，俾后世子孙，知所法守，是创论，实格论也。所愿奕叶子孙，深维根本之计，毋为流言所惑，永永恪遵朕训，庶几不为获罪，祖宗之人，方为能享上帝之主，于以永绵国家亿万年无疆之景祚，实有厚望焉。其嘉礼考，仍交馆臣，悉心确核，辽金元改制时代先后，逐一胪载，再加拟案语证明，改缮进呈，候朕鉴定，昭示来许。并将此申谕中外，仍录一通，悬勒尚书房。

参考译文:

乾隆三十七年十月壬辰十月癸未上谕:朕阅览三通馆所呈纂订的《嘉礼考》，有关辽、金、元三代的衣冠制度，尚未明确。起初辽、金、元未必没有遵循本国族俗，只是后来改用汉唐礼仪形式。这种因袭的依次变革并非一时之举。以金代朝祭服制为例，尽管先前曾有一些纹饰增加，但并未完全摒弃旧制。直到金章宗时期才大体上完成改制。应详细考察诠释这种改变和蔑视废弃旧典的原因，并酌情附上相应的解释，以使后人知晓应该借鉴的教训，这有助于编撰史书且非常重要。辽、元两代可以此为例类推。在前期编订《皇朝礼器图式》时，我曾亲自写序，强调衣冠不可轻易更改。在审阅《通鉴辑览》时，我又一一阐明其义，诚然衣冠制度是一个朝代的文化彰显，需有一个朝代的样式。正如夏收冠和殷冔（xú）冠两者也并未相照沿袭，每一个朝代都有每个朝代的章程法度，这正是所谓“礼不忘本”的道理。自北魏开始就有了易服之说，到了辽、金、元，人们追逐虚名，一再更换衣冠，尽失朴素风尚。因此难以传续，国势便日渐衰弱，一次次沦丧。更何况那些提出改变的人，无非是说衮冕应齐备章纹，不过满足体统观瞻罢了。殊不知章服饰色润制，即取其章制，又何需限制它的形式?就像我朝所规定的朝祀之服，山、龙、藻、火等章纹齐备，都是合乎礼经的本义，又何必用通天冠、绛纱袍之类?而且，祭祀天祖是最崇高的礼仪，礼仪最隆重的地方在于郊庙。追溯其根本，重点是要诚敬地感应先祖，而不在于衣冠的规制。万物都本源于天，人的根本在于先祖，推究其本义，实际上天离我们很远，祖先更近。如果轻言改变服饰，那已经是先忘记了祖宗，那么又如何虔诚地祭祀天地呢？经言：有德行的人祭祀天帝，孝顺之祀供奉亲祖。试问，仁者和孝子能否是两个不同的人？不能尽孝于亲人，又怎能尽敬于天帝呢？朕对此深有感触，因此毫不犹豫地反复教导和告诫后世子孙，要知道应该如何依循和坚守我们创建的法度。我朝衣冠制度看似是一个创造性的举措，实际上是从格物而致知，穷其礼法本义的论理。故所愿满洲子孙（奕叶子孙）能深刻理解这个根本道理，不要被流言所迷惑，永远恪遵我的这个箴训，以免成为亵渎祖宗的罪人，只有这样才能献享昊天之主的恩赐，厚望国家繁荣昌盛万世无疆。这个《嘉礼考》，仍由三通馆官员务必"其文直，其事核"，逐一详载辽、金、元改制的先后次序，并附拟考证说明，修订完善呈朕，待审定后，并将宣告昭示内外，同时著录尚书房。

乾隆上谕这段文字足见乾隆帝儒家修养的深厚，这本身就说明了国家意志的顶层设计。他揭示了乾隆定制"即取其文，不沿其式"的服制国策。最重要的是，他暗喻满洲祖先创建的国家，自北魏开始就有了易服之说，到了辽、金、元，人们追逐虚名，一再更换衣冠，尽失朴素风尚，因此难以传续，国势便日渐衰弱，一次次沦丧。因此他毫不犹豫地反复教导和告诫后世子孙，要知道应该如何依循和坚守创建的法度。清朝衣冠制度看似是一个创造性的举措，实际上是从格物而致知，穷其礼法本义的论理。他愿满洲子孙（奕叶子孙）能深刻理解这个根本道理，不要被流言所迷惑，永远恪遵这个箴训，以免成为亵渎祖宗的罪人，只有这样才能献享昊天之主的恩赐，厚望国家繁荣昌盛万世无疆。这才有了我们从满族妇女氅衣、衬衣这些便服，将汉制襕纹变成满俗的隐襕，将汉人妇女挽袖纹饰前寡后奢的礼制教化，变成满人妇女"春满人间"的人性自由追求。

八

关于"大拉翅与衣冠制度"。这是从王金华先生提供系统的大拉翅标本研究开始的，它也是满洲妇女的便服首衣。大拉翅所承载的满俗文化信息，或是清朝礼冠所不能释读的，但又可以逆推它的衣冠制度。

大拉翅有太多的谜题值得研究：为什么大拉翅到晚清几乎成为满族妇女的标签；它作为满族贵族妇女常服标志性首衣，尽管女人常便之服不入典章，但它为什么受到当时实际掌权人慈禧太后的极力推崇；从便服系统的氅衣和衬衣来看，春夏季配大拉翅，秋冬季配坤秋帽，这种组配已经主导了当时满族妇女的社交生活，成为慈禧和格格们会见包括外国公使夫人在内的社交制服。客观上以氅衣配冬冠或夏冠的标志性便服，已经被慈禧太后塑造成事实上的礼服，而最具显示度的便是"氅衣拉翅配"，代表性的形制元素就是氅衣华丽的错襟和大拉翅硕大的旗头板与头花。无怪乎在近代中国戏剧装备制式中，形成了以"氅衣拉翅配"为标志的满族贵妇角色的标志性行头，这也在慈禧最辉煌的影像史料中几乎是疯狂的上镜表现，然而在清档和官方文献中甚至连大拉翅的名字都难觅其踪。

大拉翅的称谓、结构形制和便冠定位是在晚清形成的，据说"大拉翅"是慈禧赐名，但无据可考。如果从两把头和大拉翅所保持直接的传承关系来看，其历史可以追溯到清入关前的后金时代。这意味着满族妇女首服从两把头到大拉翅，正伴随了1635年皇太极定族名"满洲"转年称帝建大清一直到1911年清覆灭，近300年的历史。而大拉翅与满俗马蹄袖从族符上升到国家章制的命运完全不同，甚至连它的历史文脉都难以索迹，难道是儒家的"男尊女卑"思想在作祟？事实上，大拉翅最大的谜题是，在清朝不论男女还是礼便首服，没有哪一种冠像大拉翅那样由发髻演变成帽冠形制。它从入关前的"辫发盘髻""缠头"到入关后的"小两把头""两把头"，再到清晚期的"架子头"和"大拉翅"，都没有摆脱围绕盘髻缠头发展，只是内置的发架变得越来越大，最终还是脱离了盘髻缠头的"初心"，变成了没有任何实际意义的"冠"。讽刺的是，大拉翅的兴衰正应验了乾隆《嘉礼考》上谕"自北魏开始就有了易服之说，到了辽、金、元，人们追逐虚名，一再更换衣冠，尽失朴素风尚。因此难以传续，国势便日渐衰弱，一次次沦丧"的担忧成了现实。值得注意的是，表面上大拉翅衍变充斥着满俗传统，其实人们忽视了它最核心的部分——扁方。因为不论是小两把头、两把头、架子头，还是变成帽冠的大拉翅，扁方不仅始终存在，还作为妇女高贵的标志。因此，扁方成为大拉翅的灵魂所在，通常被藏家珍视而将冠体抛弃。扁方材质不仅追求非富即贵，而且它的图案工艺"纹必有意，意肇中华"的儒家传统比汉人有过之无不及。大拉翅走到"尽失朴素风尚"的地步，在实物研究中真正地呈现在人们面前，成为清王朝覆灭的实证，所思考的或许有更深更复杂的原因。

九

关于"清代戎服结构与满俗汉制"。清代戎服是满人的军服还是标志大清的国家戎服，从一开始就模糊不清，或是历朝历代从没有离开中华古老戎服文化这个传统，清朝戎服的"满俗汉制"也不例外。这个结论是从完整的清代兵丁棉甲实物系统的研究得出的，特别是对棉甲结构形制的深入研究发现，它们和秦兵马俑坑出土成建制的各兵种、士官、将军等铠甲的结构形制没有什么不同。同时在兵丁棉甲实物研究的基础上拓充到将军、皇帝大阅甲，尽管不能直接获得皇帝棉甲的实物标本，但可以从权威发表的实物图像和兵丁棉甲实物结构研究的结果比较发现。它们的形制都是由甲衣、护肩、护腋、前挡、左侧挡和甲裳构成，只是将军甲和皇帝甲增加了甲袖部分。兵丁棉甲实物结构的研究表明，这些构成的棉甲部件都是分而制之，并设计出组装的规范和程序。这些都是基于实战，以最大限度地保护自己和有效地攻击敌人的设计。这意味着将军甲和皇帝甲也要保持与兵丁甲一样的结构形制。这也完全可以逆推到秦兵马俑成建制的各兵种、士官、将军等铠甲为什么呈统一的结构制式。这不能简单地理解为秦代很早进入"近代工业化生产"的证据，而是"国之大事在祀与戎"的长期军事文化实践的结果。大清王朝无论是时间还是成就所创造的辉煌，都不会忽视"国之大事在祀与戎"的帝制祖训。那么"满洲"在戎服中是如何体现的？清朝的成功或许从满俗融入华统的戎服制度建设可见一斑。

　　清朝服制是以乾隆定制为标志的，从前述乾隆《嘉礼考》上谕的帝训，可以归结到"即取其文，不沿其式"。但如果审视全文的语境就会发现"即取其文，不沿其式"根据实际情况是会发生变化的，并"故所愿满洲子孙（奕叶子孙）能深刻理解这个根本道理。"这个根本道理就是"我朝衣冠制度看似是一个创造性的举措，实际上是从格物而致知，穷其礼法本义的论理"。因此在大清戎服这个问题上，先要"穷其礼法本义"，这个"本义"就是"以最大限度地保护自己和有效地攻击敌人"总结出来的结构形制的戎服传统必须坚守。清朝戎服规制就不是"即取其文，不沿其式"，而正相反，"即取其式，不沿其文"。"即取其式"是保持它的结构形制传统，"不沿其文"就有机会导入八旗制度：正黄旗、镶黄旗、正白旗、镶白旗、正蓝旗、镶蓝旗、正红旗、镶红旗。这在中国古代戎服制度上确是一个伟大的创举。有学者认为，清朝作为少数民族统治的帝制王朝时间最长，最具成就。这并不在清本朝，而是在清之前努尔哈赤统一建州女真、东海女真以及海西女真大部分的同时创制了满文和创立了八旗制度，这不仅成为皇太极定族名"满洲"、称帝建清的基础，也揭示着一个辉煌中华的肇端。

2023年5月13日于北京洋房

目录

第一章

绪　论

一、大拉翅研究背景与意义

在清代古典服饰研究中，满族服饰自然成为主体。清代作为少数民族统治的最成功也是最后一个封建王朝，特别是晚清时照相技术已经发明并传入中国，此时的影像史料、图像资料和实物都有很丰富的遗存，结合近古的文献研究成为满族服饰研究的基本特点，也不乏不落窠臼的成果。然而对满族妇女发式的研究并没有进展，特别是晚清满人妇女具有标志性和时代特征的大拉翅专题研究几乎成为学术的空白，"只见树木，不见森林"，大拉翅成为满族服饰研究中众多谜团之一。相关信息多通过口述记录些只言片语，却无法得到完整准确的史料证据，更不能获取其物质背后深刻的教俗文化信息。更大的问题在于，大拉翅作为满族妇女便服头饰，这种市井族俗头饰不会列入大清典章的官方文献中，但慈禧的钟情又赋予它特殊的衣冠地位。因此，实物的专业化研究便成为关键，这或许是大拉翅研究无学术突破的重要原因。满汉蒙贵族服饰收藏家王金华和清代宫廷服饰收藏家王小潇提供的典型大拉翅标本为其近距离完整、专业化系统研究成为可能。通过对不同大拉翅标本的旗头板、旗头座和骨架结构进行全面而深入的信息采集、测绘和结构复原，且对照不同标本的形制、饰配等因素展开比较研究，在此基础上进行客观完整的材料、工艺数据与结构形态分析。这些从实物获取的一手材料本身就具有文献价值，通过结合史料研究显示确有重要学术发现，特别在深入到结构和细节研究中发现，大拉翅不仅袭承满俗传统，还是满汉文化融合中生动而深刻的物质呈现。

满族是我国统一多民族中的重要成员，在历史上曾多次崛起，先后建立了渤海、金政权和多民族统一的清王朝。因其鲜明的地域特色、民族文化和骑射的生活方式，造就了独具草原文明的满族服饰。入主中原的满人，让儒宗礼制的农耕文明赋予了草原文明强大的民族内聚力。满俗汉制的服饰风尚既是显现的质素又有深度的表观，成为我国传统服饰文化的瑰宝，在中国服装史上具有不可或缺的地位。大拉翅是满族服饰体系的重要组成部分，而学界惯常的认识，它是满人固有的原生俗物。而事实上它体现了大清王朝至晚清满人思想，用他山攻错的方法去强化"民族优越"的结果，当它走向极端的时候就变成粉饰太平的证物。满族服饰作为清代服饰的标志，又是中华帝制时代终结的见证物，其发展经历了长期的积累与沉淀，不仅见证了中华民族历史发展进程，同时对我国近代服装的影响也有重要意义，集中体现了清末民初这个特殊时代新旧文化的碰撞与融合，对促成民初标志中华民族文化符号的旗袍诞生发挥着至关重要的作用。大拉翅的衍生发展深刻地记录着这个过程，而它的研究几乎是空白，即使在清官方文献或主流文献中也没有文字、图样、技术等方面的记载。随着现代化进程的加快，民族原生文化和自然生态受到很大程度的影响，会加快民族传统文化的消失。若不及时对传统文化进行抢救，更难以复原其真实面目。大拉翅在满族服饰系统中不是主流，但却是很重要的服饰部件。它不仅在国家级博物馆中无存，在地方专题博物馆中也难得一见，更多在私人藏家中。因此，可以充分利用数字技术和更完备的信息采集和整理手段，对民间收藏的大拉翅做抢救性研究，特别是对大拉翅的形制和结构做深入研究以保存它完整的一手材料。这不仅对满族服饰史做了一项补遗工作，也对中华服饰史学研究具有特殊意义，特别在我国古代服饰技术史研究方面探索一种新的实证方法和示范。本课题通过对收藏家王金华和王小潇提供的典型大拉翅标本进行整理与研究，基于系统客观的标本信息采集和结构形态的复原，首次呈现了大拉翅完整的结构样貌；对其不同标本的形制、结构、饰配等因素进行比较分析和归纳总结，建立其数据信息的结构图谱和呈现不同时期具有代表性的完整信息，为继承和研究满族服饰文化提供大拉翅完整可靠的考据文献。这对建构中华民族服饰结构图谱具有示范意义，为探索中国最后一个封建王朝盛极而衰历史进程中有关服饰实证研究提供一个学术案例。

二、研究现状

目前国内外有关满族女子发式的研究，仍然停留在满族民俗和清代影像史料与图像信息的记录，研究成果表现为片段化和风俗化特征，尚未形成物质文化的系统研究，具有满族妇女标志性的大拉翅专题研究仍是空白。

1. 有关服装史的满族服饰

满族发冠文化由于缺乏实物深入研究的成果，在满族服饰通史中不过是作为组成元素来介绍。大拉翅在晚清才成为满族贵妇冠饰的定式，一般都一带而过，甚至相关信息都少有记述。因为满族妇女传统的发饰与定型大拉翅的形制反差很大，一般认为后者不过是特殊时期形成的一种时代风格，且晚清事项又被认为是末世腐朽的标签，特别是大拉翅总要和慈禧联系到一起。因此，对满族服饰史的关注点总会放在最辉煌的时期，如康乾盛世，追溯它的历史也是满人先民的创业史和在中华史脉中留下光辉印记的时刻。曾慧的《满族服饰文化研究》从历史的发展脉络总结满族先祖从萧慎、挹娄、勿吉、靺鞨、女真到满统清朝服饰的发展过程及不同时期女了发式的特点。孙彦贞的《清代女性服饰文化研究》以史料文献和出版实物为依据，对清入关前后不同时期女子发式进行了梳理。张佳生的《中国满族通论》满族服饰部分，介绍了满族服饰的形成与发展和类别特点等内容。宗凤英的《清代宫廷服饰》介绍了清代宫廷服饰制度的起源、形成与演变，以图录方式描述了清代皇帝、皇后、后宫嫔妃、皇室成员以及文武官员在不同场合的服饰衣冠。王云英的《清代满族服饰》阐述了清代服饰的发展与演变，记录了清代入关前的衣冠制度。杨伯达的《清代后妃首饰》以不同历史时期的实物展现了钿子、钿花、两把头及簪饰的头饰变化。1986年，中国台北"故宫博物院"举办了"清代服饰特展"，并有相关专文刊于《故宫文物月刊》，以介绍清代服饰类型、礼制、功能与服制源流为主。以服饰通史涉及满族服饰的有华梅的《中国服装史》《服饰与中国文化》《人类服饰文化学》，黄能馥、陈娟娟的《中国服装史》等。袁仄的《中国服装史》中清代服饰部分介绍了满汉女子服饰特征与发式类型。李芽的《中国历代妆饰》中清代部分对满汉妇女的冠妆特色进行了总结与归纳。值得注意的是，大拉翅在一个特殊历史时期、特殊人群，以独特的形制、结构、材料和工艺技术所表达的文化意涵，并未有论著提供任何线索。

2. 有关民俗学的满族服饰

有关民俗学满族服饰的研究成果，对大拉翅提供的相关信息最具参考价值，所获取的史料文献也最多。满懿的《旗装奕服》从民俗学角度对大拉翅的形制要素进行了族源探索，阐释了大拉翅象征"雄鹰展翅"的意蕴，表明满蒙同源的史实。这为大拉翅形成相关的族属关系与发展提供了重要的线索和研究路径。叶大兵、叶丽娅的《头发与发式民俗——中国的发文化》以满族婚俗传统为基础对满族女子的幼年时期、待嫁时期和婚后发式变化进行的总结与归纳，对大拉翅造型史的研究很有帮助。王宏刚、富育光的《满族风俗志》，韩耀旗、林乾的《清代满族风情》，佟悦、陈峻岭的《辽宁满族史话》，佟悦的《满族》，刘玉宗、殷雨安的《青龙满族》，金受申的《老北京的生活》，李家瑞的《北平风俗类征》，日本学者青木正儿、内田道夫的《北京风俗图谱》，北京燕山出版社的《旧京人物与风情》等，只要与满族风俗有关的著述对满族女子的发式和大拉翅都有或多或少的述及，虽然它们不是以学术研究为目的，但都根据作者的专长和独特视角提供了一个方面较完整的史料，文献价值明显。如青木正儿、内田道夫的《北京风俗图谱》，呈现了清末北京满汉妇女发髻的风俗，承载着太多可挖掘的信息（图1-1）。值得关注的是，关于满族女子发式的研究论文或许提供了更有价值的文献信息。如赵坰的《浅析清代满族女子传统发式》，姜珊的《浅析满族女子发式演变》，高乔的《旗头在清十二王朝的形成过程》等。它们虽然不是针对大拉翅的专题研究，但只要以发式研究为主体，就不能不涉及大拉翅，也难以绕开发饰的各种发髻与大拉翅的关系。如清早期的叉子头、清中期的钿子头、清晚期的两把头，还有扁方、燕尾等这些在大拉翅定型之前都悉数存在，且在大拉翅鼎盛期不仅没有放弃它们反而得到发展。冯静的《如展画轴——清代满族民间扁方赏析》对扁方进行了研究，这就不可能不涉及大拉翅，因为扁方是体现大拉翅灵魂之器。最大的问题在于，这种灵魂是如何通过形制、结构、材料和工艺技术呈现的，解剖麻雀式的标本研究是破解这个谜题的最好途径，也是民俗学研究无法解决的难题。

图1-1　清末北京风俗中妇女发鬈
（来源：青木正儿、内田道夫《北京风俗图谱》）

3.有关实物文献的满族服饰

以晚清影像、书刊等对实物的市井记录虽然无过多论述，但对本研究提供了重要的实物文献。这些图像史料真实记录了满族女子发式的时代风貌，有些甚至是填补空缺的。台北历史博物馆编辑委员会的《清代服饰》，张琼的《清代宫廷服饰》，严勇等的《清宫服饰图典》，王金华的《中国传统首饰精品》《中国传统首饰：簪钗冠》，故宫博物院的《清宫后妃首饰图典》等，以官方博物馆藏品和私人收藏的传世品为主，基于类型学和材质选择收录了具有代表性的清代满族妇女服饰、首饰等藏品，是研究清代服饰参考价值很高的实物资料。杨之水的《中国古代金银首饰》，以实物与史料互证方法，特别对满人妇女两把头、大拉翅与扁方组配规制进行的考证值得做深入研究。杭海的《妆匣遗珍》，包泉万、赫丛青的《图说满族民俗风情》，常沙娜的《中国织绣服饰全集》，德国科隆中国织绣展品图录*The golden thread*，Martha Boyer的*Mongol jewelry*，德龄的*Two Years in the Forbidden City*等，都是以实物图像和绘画形式呈现的实物文献。特别值得一提的是，*Mongol jewelry*收录了大拉翅装束的图绘与结构图，这在国内相关研究成果中是不多见的（图1-2）。对此做深入研究，还需要对其结构形制的材料、工艺技术等进行实物的科学研究，这在其实物文献的调查中仍是空白，更多的是市井的影像和图像

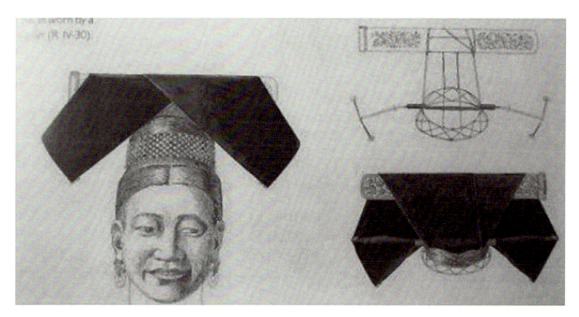

图1-2 *Mongol jewelry*中的大拉翅结构图
（来源：*Mongol jewelry*）

文献。杨炳延的《旧京醒世画报：晚清市井百态》以手绘形式对晚清满族女子发式形象进行了记录。周锡保的《中国古代服饰史》收录的晚清满汉上层妇女发式，也是由画师的画稿呈现的，并对服饰和发式种类做了介绍。其实更有价值的是照相术的介入，在晚清国外摄影师和探险家记录了真实而生动的历史细节，也不缺乏满人的专题风俗记录，很有史料价值。富育光的《图像中国满族风俗叙录》，张明的《外国人拍摄的中国影像》，英国摄影师约翰·汤姆逊的《中国与中国人影像：约翰·汤姆逊记录的晚清帝国》，中华世纪坛世界艺术馆的《晚清碎影：约翰·汤姆逊眼中的中国》，日本人山本赞七郎的《北京名胜》，法国人菲尔曼·拉里贝的《清王朝的最后十年：拉里贝的实景记录》，邢义车的《风雨如磐：西德尼 D 甘博的中国影像(1917-1919)》，杜德维的《晚清中国的光与影：杜德维的影像记忆(1876-1895)》，单霁翔的《故宫藏影：西洋镜里的宫廷人物》等，都是通过镜头记录晚清市井风尚，其中满人风俗不仅成为亮点，而且传达的谜题也最多。满族妇女发冠此时兼具族属特征与时代风尚。按照民族学的逻辑，这是个极其矛盾的结合体，族属特征越明显，它的时代风尚就越弱。解开这个谜题非得从实物解剖中寻找答案（图1-3）。

图1-3 正在梳妆的满族女子
（来源：《晚清碎影：约翰·汤姆逊眼中的中国》[1]）

1 中华世纪坛世界艺术馆：《晚清碎影：约翰·汤姆逊眼中的中国》，中国摄影出版社，2009。

三、大拉翅标本的研究过程

  重实物考证是对传统"重道轻器"学术生态的重大改变，也开了现代学术研究方法的先河，即二重证据法。二重证据法（文献和实物互证的方法）是王国维基于考古发现与研究的重要性提出的学术方法。梁启超囚清朝唯典籍考据[1]的学术樊篱，在《清代学术概论》中认为："夫无考据学则是无清学也，故言清学必以此时期为中坚。"[2]并称考据学与"近世科学的研究法极相近"[3]，指出"实事求是"[4]"无证不信"[5]是清代学术研究的科学方法。王国维[6]正是由于研究甲骨文悟道甲骨中记录的信息比《史记》更可靠："吾辈生于今日，幸于纸上之材料外，更得地下之新材料。由此种材料，我辈固得据以补正纸上之材料，亦得证明古书之某部分全为实录。即百家不雅驯之言亦不无表示一面之事实。此二重证据法惟在今日始得为之。"[7]

  二重证据法作为一种重要的治史观念和方法，是20世纪初中西学术交融和新史料大量发现刺激之下的产物，强调了标本研究的重要性，可见实物考据的研究方法已成为学术研究与治学的基本手段。大拉翅与衣冠制度作为物质文化研究，实物研究是不能绕开的，更要秉持以物证史的理念。依据二重考据研究方法的基本要求，通过实物研究和文献整理交叉进行，强调考献和考物相结合重考物是本课题研究的基本方法。

---

1 清代考据学也是清代汉学，"汉学"一词是清人的发明，又称"朴学""考证学"。汉学的学术特点注重训诂文字，考订名物制度，务实求真，不尚空谈，其学术宗旨是由小学以通经明道。参见李兴强：《陈垣与清代考据学》，文教资料，2007年第25期。

2 梁启超：《清代学术概论》，天津古籍出版社，2003，第32页。

3 梁启超：《中国近三百年学术史》，中国书店出版社，1985，第22页。

4 "实事求是"最早见于《汉书·河间献王传》，称河间献王刘德"修学好古，实事求是"。

5 在治学的方法上注重证据，凡下一断语，必广收佐 证材料，"无证不信""孤证不立"。

6 1925年，王国维先生在《古史新证》中倡导二重证据法，即以"地下之新材料"，补正"纸上之材料"。继王国维之后，中国学术界的陈寅恪、顾颉刚、郭沫若等多位学者在王氏二重证据法基础之上均从不同视角提出古史三重证法。在现代学术史意义上，徐中舒提出将民族学材料纳入古史研究的考察视野，从学理意义与方法论价值而论是古史研究方法论的重要跨越。参见周巛灿:论"古史三重证"[J].《江西师范大学学报（哲学社会科学版）》，2010年第3期，第81-86页。沈从文先生认为"接触实物、图像、壁画、墓俑"的"文物学"比过去以文献为主的史学研究方法开拓了，实际隐晦地将服饰考古实物从考古文物中独立出来而提出服饰历史研究的三重证据法，并在服饰史考证中多次提出考古实物的重要性。参见沈从文：《中国古代服饰研究》，商务印书馆，2012，第1-2页。

7 王国维：《古史新证》，清华大学出版社，1994，第2页。

1. 民间藏品的学术调查

对于标本研究，首要任务是实物的学术调研考察。大拉翅虽然是文物，但多以非主流的传世品藏于民间，即使成为官方博物馆藏品也属于便装或民俗品。因此，考察内容主要是走访满族服饰收藏家和地方专题博物馆，以得到他们对标本研究的支持。结合采访满族艺人和开展收藏家满族服饰藏品的专题展览策划工作，以提升民间藏品的学术价值。学术调查主要在东北地区博物馆和台湾地区博物馆，这主要基于东北的区位优势和台湾学者对满族文化专项研究的学术成就，如满文研究。通过与不同地区的收藏家、博物馆有关满族服饰专业人士进行交流，获得文献记录之外的史料细节，对这些材料的收集整理成为本课题研究珍贵的一手资料。更重要的是，这些信息是以实物为基础的。在拜访台湾发簪收藏家吴依璇女士时，她提供了大量收藏在海外的大拉翅的相关装具、饰件信息，使大拉翅的物质文化变得丰满。特别值得一提的是，国内著名的清代贵族服饰收藏家王金华先生的满族贵族服饰藏品等级很高，最重要的是他为本课题提供了包括扁方在内系统完整的大拉翅标本，使本课题的研究成果更加深入系统且真实可靠，为取得学术上的突破提供了实物依据（图1-4）。

图1-4　王金华提供的大拉翅标本和清满汉古典服饰展
（来源：王金华藏）

2.标本研究的路径与方法

对文物标本研究，无论是博物馆馆藏还是私人收藏，保护是前提。根据王金华与王小潇提供的大拉翅标本收藏情况，采用三个阶段进行科学研究。第一阶段标本信息采集，主要对大拉翅实物进行外观形制、饰件、材料的图像和内在结构数据的信息采集，以获取标本真实、准确和全面的一手资料。第二阶段完成标本信息数字化，对标本采集的所有信息进行整理，利用计算机技术和软件工具完成数字化处理，还原标本的外在图像和内在结构的数字信息，以此作为标本的基础性研究成果。这本身就构成了标本的数字化文献成果，不仅为进一步研究提供了物质依据，还为文物的活化展陈教育开发提供了数据支持。第三阶段利用标本信息的史料研究，将标本数字信息的研究成果作为实据与历史文献、图像文献等史料进行对比、互证研究，强调学术发现和以物证史的文献构建。可见实物研究一开始就不能脱离文献，只是挖掘更多的物证，随着实物和文献的互证，实物成果就变成了新的更可靠的文献（图1-5）。

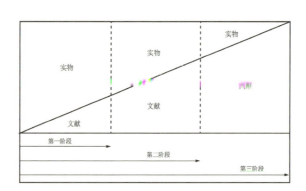

图1-5 以物证史的文献建构

在大拉翅形制与结构研究中有很多谜团靠文献与图像史料是远远不够的，因此，获取完整大拉翅样本成为研究关键。王金华、王小潇、佟悦等收藏家提供的标本基本涵盖了大拉翅的完整面貌，为大拉翅深入系统研究提供了不可或缺的实物条件。对完整的大拉翅进行全方位的信息采集、测绘与结构图复原，其本身就具有填补该物质文献空白的价值。通过对这些样本的信息成果与文献研究相互印证，确有重要发现（表1-1、表1-2）。

表1-1 大拉翅标本

名称	标本
石青头正点翠大拉翅	 正视　背视
银点翠头正大拉翅	正视　背视
牡丹纹银点翠大拉翅	正视　背视 （王金华藏）
芍药绢花假发盔大拉翅	正视　背视 （王小潇藏）

表1-2　扁方标本

标本	标本	收藏者
		佟悦
		王金华

标本第一阶段的图像和结构信息采集，包括形制、饰件、材料等信息，它们是一个整体，采集时要考虑元素之间的作用关系，因此先要制定采集方案。大拉翅作为文物，虽不属主流，但也珍贵，国家级博物馆少有收藏，地方博物馆又难以征集，即使民间收藏也并不多见。究其原因是它的经济价值不高。而最有经济价值的是扁方，扁方在民间收藏远远多于大拉翅本身。但研究价值两者是相反的。王金华先生拥有大拉翅的系统收藏，说明他是一位研究型的收藏家，且有丰富的藏品著述。因此，王金华的收藏，即"王系标本"，为此次研究提供了很大的支持和帮助。基于"王系标本"的图像信息采集分为三个步骤：第一步，对标本进行全方位的外观元素拍摄，做到无遗漏。第二步，对标本的表面饰件信息如头正花、压发花、冠饰配件、扁方等作特殊拍摄。第三步，对标本的材料结构和骨架结构进行图像信息采集。为保证图像质量和科学呈现，专业化手段至关重要，将标本信息尽可能完整真实地展现（图1-6）。

标本结构数据采集是一项专业性作业，在测量标本前需要做好规划，明确标本的基本结构形态和所需采集的结构部位。秉承保护为先的精细化职业精神，标本结构采集以1:1全数据采集为宗旨，对标本的布面结构、旗头板结构、里料结构、旗头座座身结构、座箍结构和骨架结构，以及其他特殊结构数据进行完整信息采集。因测量内容属于文物研究，测量过程严格按照文物研究的工作流程进行，不能对标本做破坏性作业，因此某些缝合的局部数据可能存在误差或无法取得，该情况虽不可避免，但并不影响整体研究结果。重要的是需要配合手稿进行全方位记录和信息整理，以获取可靠的一手材料为原则（图1-7、图1-8）。

制定标本信息采集方案

饰件信息采集

结构信息采集

图1-6　标本信息采集

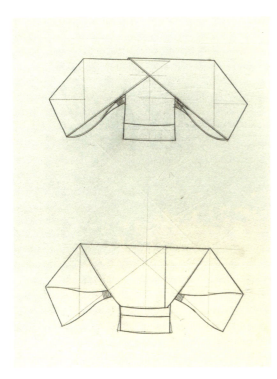

标本外观结构信息　　　　　　　　　　　　　标本骨架结构信息

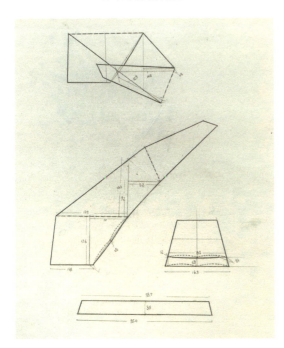

标本左旗头板结构信息　　　　　　　　　　　标本右旗头板结构信息

图1-7　标本结构信息采集手稿

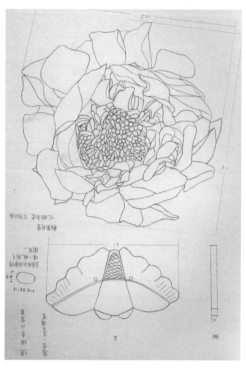

压发花信息1

压发花信息2

头正花信息

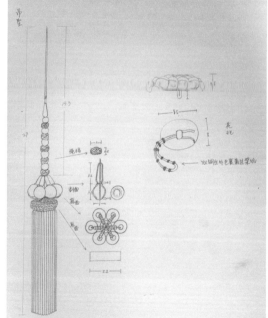

垂穗信息

图1-8 标本饰件结构信息采集手稿

3. 大拉翅标本数字化成果

第二阶段完成标本信息数字化，是将采集的样本图像、结构等信息进行数字化处理，以数字技术呈现文物的原貌。利用Adobe Illustrator、Adobe Photoshop、RP-DGS等软件工具将标本的面料结构、骨架结构、里料结构，饰件造型、纹样以及特殊工艺进行电脑绘制。这些数字化成果不仅对大拉翅得到全方位的可持续的立体化呈现，还可以对我国古代衣冠文化的探究提供实物的数字化参数依据，为民族服饰的文化传承与保护提供数字信息的个案实践，对民族服饰实物数字文献的建构提供范示。标本信息的数字化处理作为实证研究成果与文献典籍进行互证，通过实物信息展开文献检索进行指导性的问题研究与考证。大拉翅与衣冠制度需将其置身于满族服饰研究和清代服饰史大背景下展开，分析清代满族史的发展、晚清满族与其他民族的交流融合、满族女子发式演变对大拉翅形制与结构的影响，梳理大拉翅诞生的原因、意义、作用以及背后的文化内涵等。大拉翅标本的数字化成果，拓展和挖掘实物所隐藏的更多历史信息和文献史料线索，将实物与文献相结合再回到实物，呈现大拉翅工艺数据信息与结构样貌，可以阐释满族妇女从两把头缠发到大拉翅"折幅成器"[1]的技艺及其发俗的文化意涵（图1-9、图1-10）。

因此，对大拉翅标本信息采集、测绘和结构复原所完成的数字化成果与文献研究结果相互印证的事实，成为大拉翅研究与学术发现的关键基础。

---

1 中国服装的历史就像汉字一样源远流长没有断裂，"割幅成器"的服装结构如同象形文字结构一样成为中华民族共同基因。值得研究的是"割幅成器"非仅汉统，今天的西南民族传统服装甚至藏袍古法结构所保存的古老遗风，都表现出十字型平面结构中华系统的多元形态，这种如同汉字的民族自觉和坚守初心却来自一个普世的动机——节俭。出自刘瑞璞：《割幅成器——承载中华民族源远流长的共同基因》，载《服饰史研究的回顾与展望》，东华大学出版社，2022，第8-35页。

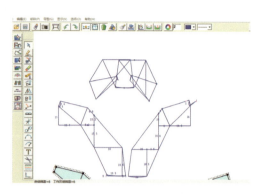
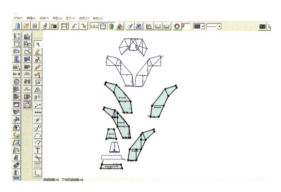

大拉翅CAD数字化处理

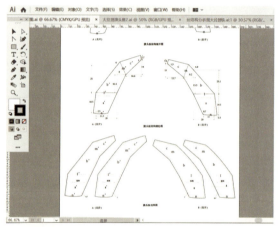

大拉翅AI数字化处理

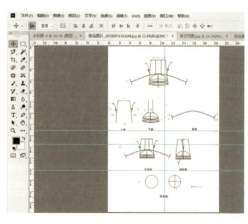
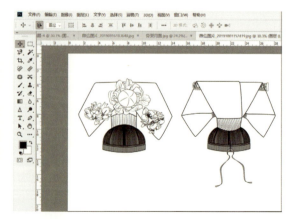

大拉翅PS数字化处理

图1-9 大拉翅标本信息采集的数字化处理

扁方标本/纸图	扁方标本/纸图

图1-10 扁方信息采集的数字化处理

第二章

满族女子发式的

演变与大拉翅

发式是满族妇女服饰文化的重要组成部分，历史悠久，民俗底蕴深厚。就其形制而言，发式会因年龄、婚姻状况、部族变化而不同。童龄、成年礼、婚前、婚后等的发式都有差异，即使已成年女性在不同时期、家庭变故、部族变化等所呈现出来的发式风俗也各有差别。

大拉翅为清朝晚期才出现的发式便冠，但它的传承轨迹清晰可辨，与满族女子发式的发展演变密不可分，或可成为里程碑式的集大成表现。这种评价并不过分。研究表明，大拉翅中的所有元素几乎都能在满族女子发式的历史演变中找到源头。因此追溯满人发式的历史是破解大拉翅谜题的必选题。

一、满族发式流变

满族作为我国有着源远流长历史文化的少数民族，其游牧生存方式决定了服饰形态，而发式又是这种草原文明集中表现的特征之一。对不同历史时期满族女子发式的梳理与总结，可以窥见其生存方式和民族交往、交流、交融的发展史。

满族先祖可追溯到两千多年前的肃慎族。带有父系氏族社会特征的肃慎部落，无论贫富贵贱皆以皮裘为衣，戴皮帽；发式，不论男女均留长辫，编发[1]。两汉时期，肃慎民族活动区域逐渐南移，改肃慎为挹娄。《晋书·东夷传》中记载，"肃慎氏，一名挹娄……俗皆编发"[2]。挹娄承接肃慎的编发习俗。南北朝时期，挹娄又称为勿吉，《魏书·勿吉传》记载，勿吉"妇人则布裙，男子衣猪犬皮裘"[3]，说明该时期服饰有了男女之分，出现了布裙、皮裘男女标志性服饰。重要的是纺织技术的引进，无疑是吸收农耕文明的产物。配饰品在女子服饰中被大量使用，是伴随着"俗皆编发"而生的。隋唐时期，勿吉被称为靺鞨，靺鞨服饰与勿吉大致相同。靺鞨发式一个重要的改变，或理解为靺鞨发式的确立，就是一种前剃光后辫发的发饰。《新唐书·黑水靺鞨》有记载，"俗编发，缀野豕牙，插雉尾为冠饰，自别于诸部"[4]，这种发式直到大清一统成为国家的"发剃"。唐末五代十国，靺鞨改称为女真。在发式上，与契丹族有几分相似，但与契丹族髡顶垂散发[5]之俗仍有所不同。《大金国志》记载，"辫发垂肩，与契丹异。耳垂金环，留颅后发，系以色丝。富人用珠、金饰，妇人辫发盘髻，亦无冠"[6]。金元实际上是金人和蒙族统治者主导的时代，蒙满不分家的族源传统，使女真发式在"靺鞨发式"基础上得到定型，之后也无太大改变。女真族男子的顶发半剃半留，只留颅后发，编成一条辫子，垂于脑后；女性则辫发盘髻。到了明朝，形成以恢复汉制"和平共处"

---

1 编发，指古代少数民族的发式，即把头发编织为辫。出自《史记·西南夷列传》："皆编发，随畜迁徙，无常处。"
2 [唐] 房玄龄：《晋书卷九十七》，中华书局，1974，第2535页。
3 [北朝] 魏收：《魏书·勿吉传卷一百》，中华书局，1974，第2520页。
4 [宋] 欧阳修、宋祁：《新唐书卷二一九》，中华书局，1986，第6178页。
5 髡顶垂散发，髡顶就是靺鞨的"前剃光"，只是契丹的"垂散发"在靺鞨中变成了"后辫发"。这从某种意义上说明靺鞨在族源上与契丹有着某种联系，或是"插雉尾为冠饰，自别于诸部"的作用。
6 宇文懋昭：《大金国志卷三十九·男女冠服》，明抄本。

的时代，女真发式中男子的辫发、女子的盘髻仍得到传承，为满洲"发剃"打下了基础。在清朝，满族男子无论长幼皆梳辫发，可谓是从隋唐靺鞨发式一路走到清代，从族属"发式"到国家"发制"的嬗变。而满女发式丰富了汉人的礼教内容，从二把头、钿子头到大拉翅，是从满族到满汉融合在人们心底不自觉的流露（表2-1）。

表2-1 满族服装发式的流变

时期	朝代	称谓		生存方式	服装特点	发式特点
初期	商周	肃慎		游牧、狩猎，擅长弓箭制造	袭皮衣，戴皮帽，动物服装材料，以保暖为主	不论男女均留长辫和编发
	汉朝三国	挹娄		种五谷、好养豕、擅长捕鱼	冬以豕膏涂身，以御风寒；夏则裸袒，以尺布蔽其前后；出现了麻布	编发
	魏晋南北朝	勿吉		注重农耕种植，森林狩猎，擅长捕貂	有男女之别，男子着皮袭；女子服饰有布裙、皮袭，佩饰品出现	编发
中期	北齐隋唐	靺鞨		农业和狩猎、渔猎结合生产方式	与勿吉大致相同，纺织业出现，纺织品从麻布发展到蚕丝，服饰品类更加丰富	前剃光后辫发
	唐朝	渤海国		农业、手工业、畜牧业、渔猎业等综合生产方式出现		
	五代十国、宋辽	熟女真	女真	渔猎为主，少有农耕	承袭旧俗，仍采用毛皮、麻布及少量的丝织品作为主要材料；男子为袍衫，女子为长衫、裙和袄等	与契丹异，男子剃去头顶前部的头发，仅留脑后发，梳成辫，用色丝系
		生女真				
	金朝			渔猎为主，农耕不发达，开始接受汉化	服装逐渐趋于汉化、丰富；结合中原服饰礼仪等级制度逐渐趋于完善，有冒服、常服的礼制区别	以辫发为尚，男子髡顶辫发垂肩，女子辫发盘髻
	元朝	中原女真		汉化农耕	承袭金代的样式，采用传统的皮毛、麻布等面料，掌握织金锦技术	男子辫发，女子辫发盘髻
		蒙古女真		草原畜牧		
		东北女真		鱼猎农耕		
后期	明朝	建州女真		汉化农耕	纺织业发达，有精美的丝质绸缎产品	
		海西女真		汉化农耕		
		野人女真		汉化农耕		
	清朝	满洲		逐渐汉化、农耕为主，部分地区保持渔猎	清承明制保持祖俗，形成了具有满族鲜明风格的衣冠制度	成年男子皆梳辫发；成年女子发式丰富，形成二把头、钿子头和大拉翅共治的局面

二、满族女子发俗

　　和契丹人一样，髡发[1]也是女真族的传统。六七岁以前，因习骑射，满族女孩发式与男孩相同，皆留"马盖子头"[2]。后来演变成具有辟邪驱病的作用，头发一寸左右，分扎六簇形状如笔头，前三后三，谓之"王八辫"（图2-1）。长到超过三寸时则扎前二后一，或前后各一，曳之脑后，谓之"狗拉车"。七八岁时男女发式开始有所区分，女孩留满发，先留后再留前。十岁时头发长到一尺左右，分三股编花，托于颈后，用绳束发根，类似汉族童龄的长寿辫[3]，但汉族只用于男童，而满族不分男女童。男女童所用的辫根绳皆是红色或接近红色的辫绳，女童更强调装饰性。如辫绳编结成穗子，这或许就是后来大拉翅中的流苏；在结根插上花饰，这或许就是后来大拉翅的头花。男童的"狗拉车"衍变成后来髡顶垂辫的国家"发制"。满族发俗也是有制度的，富贵者头戴珍珠穿制的发夹，服丧者发绳用黑色、白色或蓝色且有仪俗，平日髡发辫绳只用红色。在满族幼童发俗中，髡发并不是贵族专属，而是满族通行的族俗，只有装饰物的多寡和贵重程度的区别，说明族群的生存观比尊卑观更重要，大拉翅的表现也是如此（图2-2、图2-3）。

图2-1 "王八辫"有辟邪驱魔的作用
（来源：《约翰·詹布鲁思镜头下的北京(1910-1929)》）

---

1 髡发：髡发是将头顶部分的头发全部剃光，只在两鬓或前额部分留少量余发作装饰，有的在额前蓄留一排短发，有的在耳边披散鬓发，也有将左右两绺头发修剪整理成各种形状，然后下垂至肩。
2 韩耀旗、林乾：《清代满族风情》，吉林文史出版社，1990，第58页。
3 最新实用民俗大百科编委会编：《最新实用民俗大百科万年历(1901-2050)》，武汉大学出版社，2010，第289页。

女童发式   男童发式

图2-2 满族幼童"髫发"
（来源：故宫博物院藏《道光帝喜溢秋庭图轴》）

满汉幼童头饰   满族幼童髫发

图2-3 满族平民幼童的"髫发"
（来源：《风雨如磐：西德尼·D.甘博的中国影像(1917-1932)》）

清入关后，为强化宗族秩序，引入了汉人的礼教因素，满汉妇女发式有明显的融合。庄绰[1]的《鸡肋编》[2]记载，"燕地（金地）其良家世族女子，皆髡，许嫁方留发"[3]，民间称留头大闺女，女孩在出嫁前不能剪辫子。入关后，满族女子在保持女真旧俗的基础上加入了秀女汉俗以示尊贵。《红楼梦》第七十一回这样描述贾母八旬大寿时的排场，"邢夫人王夫人带领尤氏凤姐并族中几个媳妇，两溜雁翅站在贾母身后待立。……台下一色十二个未留头的小丫头，都是小厮打扮，垂手伺候"。"两溜雁翅"和"未留头"既有尊卑的表征又有婚姻的明示，以规范行为。满人统治的清王朝，与其说是满族汉化，不如说是汉族满化，"留头梳辫"成为国家的"发制"就说明了问题。男孩成人时，辫根松紧适度可以不扎辫根绳，辫梢缀三股以丝线制成的黑色线穗，发短者需续编三股假发；女孩出嫁前不准撤编根绳，发梢续赤色或杂彩色辫穗，待嫁时方才蓄发，挽小抓鬏于额旁，梳一条辫子垂于脑后，谓之"留头"。这是汉俗还是满俗已经难以区分了，将满俗提升为国家制度，汉制的宗法礼教起着决定性的作用，因此"满俗汉制"既是维系民族团结的民愿，又是国家意志的体现，满汉发式的融合便是它们物化的表现（图2-4，图2-5）。

1　庄绰（约1079年-？），字季裕，约北宋末前后在世，是考证学家、民俗学家、天文学家、医药学家，足迹遍及大江南北，博物洽闻，学问颇有渊源，又多识轶闻旧事。
2　《鸡肋编》共三卷，记述史迹旧闻及各地风土、传闻琐事，内容系考证古义，记叙轶事遗闻，是宋人史料笔记中比较重要的一种，《四库全书总目提要》说其价值可与周密的《齐东野语》相比拟。
3　[宋] 庄绰：《鸡肋编》，中华书局，1983，第15页。

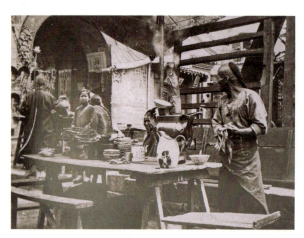

图2-4 清朝满汉男子皆"留头梳辫"成为国家的"发制"
（来源：《约翰·詹布鲁思镜头下的北京(1910-1929)》）

图2-5 清朝女子待嫁时的"留头梳辫"
（来源：《北京风俗图谱》）

      男尊女卑的儒宗教化在清朝虽被弱化了，但宗族的前程寄托在女人身上的
吉寓传统不仅被继承，亦有发扬光大的趋势。婚后，满族已婚女子在嫁至婆家
的当日或次日下地前，要将辫发改梳挽髻，俗称"上头"[1]。结婚时，新娘梳
妆由娘婶和婆母来做，婆母若是寡归，此刻开始便不能言语。梳头时婆母和母
亲分别坐在新娘的两边，每人负责梳一个发髻，且边梳边念吉语，梳左侧发髻
念"挽左髻，喜气满堂"，梳右侧发髻念"挽右髻，福寿绵长"。梳完头发要
给新娘带上头饰，母亲给戴支地钗，念吉语"插地钗，恩情意重"；婆母给戴
支凤，念吉语"戴支凤，龙凤呈祥"[2]。髻的样式和名称根据不同时期也表现
不同的称谓，早期主要以发髻表达婚后的愿望，因为是用横梁的支板左缠一把
右缠一把，故称两把头，横梁支板就是后来的扁方。两把头发展越来越大，就
有了小两把头、两把头、大盘头、大蓬头、高把头、架子头等说法，不变的
是，它们都是通过缠发才能实现"吉寓"。大拉翅的出现，是缠发被大拉翅

1 上头，旧指女子出嫁时将头发拢上去结成发髻。来自王同亿：《新现代汉语词典（第2版）》，海南出版社，1993，第
  1435页。
2 叶大兵、叶丽娅：《头发与发饰民俗》，辽宁人民出版社，2000，第96页。

帽冠取替后形成的一套冠俗，缠发的吉寓变成了梳妆仪式，如喂食、开脸[1]、梳妆、插戴、定妆等。事实上，晚清大拉翅流行时，两把头并未消失，在日常生活中，两把头似是婚后妇女的主要装束。史料记载，"其中以两把头较为典型，喜庆吉日或接待贵宾便戴大拉翅"[2]。可见大拉翅源于两把头又高于两把头，成为尊贵的标志（图2-6）。

a 开脸

b 梳就大拉翅

c 婚前长辈向新人喂食

d 新娘插戴头饰

e 婚后新娘戴大翅定妆照

图2-6　晚清富贵人家嫁女梳"大拉翅"时的场景
（来源：中国台湾发簪博物馆藏）

1　满族婚礼时，新娘进了帐篷或入洞房之后，由伴娘用红线绞掉脸上的汗毛。
2　关捷等：《中华文化通志 第3典 民族文化022 满、锡伯、赫哲、鄂温克、鄂伦春、朝鲜族文化》，上海人民出版社，1998。

三、清早期的女子发式

　　满族成年女子发式种类丰富，不论是个体还是部族，不同时期有不同样式，清军入关前后族属特征更加明显。表2-2是对传统满族女性发饰的文献梳理，通过文献研究发现，满族女子发式演变的历史文脉清晰可辨，如辫发盘髻、两把头、架子头、钿子头等，不仅有明确的文献记载，也保存有相应的图像史料和实物，值得注意的是，并没有发现相关的大拉翅信息，然而通过实物的研究发现，大拉翅的形制与构成元素几乎都可以在传统发式中找到源头，这也说明它产生的时间更晚。

表2-2　满族女子发式的文献记述

发式	出处	述文
辫发盘髻	［宋］宇文懋昭 《大金国志·男女冠服》[1]卷三十九	（男子）辫发垂肩，与契丹异。耳垂金环，留颅后发，系以色丝。富人用珠金饰。妇人辫发盘髻，亦无冠
	［宋］徐梦莘 《三朝北盟会编》[2]卷三	妇人辫发盘髻，男子辫发垂后，耳垂金环，留脑后发，以色丝系之，富者以珠金为饰
两把头	［清］文康 《儿女英雄传》[3]第二十回	（安太太）头上梳着短短的两把头儿，扎着大壮猩红头把儿，别着一枝大如意头的扁方儿
	［清］夏仁虎 《旧京琐记》[4]	旗下妇装，梳发为平髻曰一字头，又曰两把头，大装则珠翠为饰，名曰钿子
架子头	［清］得硕亭 《清代北京竹枝词·草珠一串》[5]	头名架子甚荒唐，脑后双垂一尺长。 近时妇女以双架插发际，挽发如双角形，曰架子头
燕尾	［清］吴士鉴 《清宫词》[6]	凤髻盘出两道齐，珠光钗影护蝤蛴。城中何止高于尺，叉子半分燕尾底

1　《大金国志》是记述金代史事的纪传体史籍，共四十卷。原书只称《金国志》，"大"字是元人续作时所加。其中自金太祖到海陵正隆伐宋失败这一时期的史实是南宋宇文懋昭所作，成书于端平元年（1234年），而元世宗至义宗的十卷帝纪和两卷《文学翰苑传》乃元人续作，假托宇文懋昭之名，成书于元大德十年（1306年）。现藏于国家图书馆。
2　全书共250卷，是记载宋代徽宗、钦宗和高宗三朝宋金和战史事的编年体历史巨著，包括诏敕、制诰、书疏、奏议、传记、行实、碑志、文集、杂著等，凡是"事涉北盟者"，兼收并蓄，并按年月日标示事目，加以编排。
3　该书是清代满族文学家文康所创作的一部长篇小说，又名《金玉缘》《日下新书》，又称《儿女英雄评话》，是中国小说史上最早出现的一部融侠义与言情于一体的社会小说。
4　《旧京琐记》是清代夏仁虎的作品，分俗尚、语言、朝流、宫闱、仪制、考试、时变、城厢、市肆、坊曲十卷。
5　《清代北京竹枝词》收录清代北京竹枝词十三种，这些竹枝词用通俗的词句和七言四句的词体，描述了当时北京的风土人情，生活时尚等。
6　近代吴士鉴编《清宫词》，收录清代宫词九种，自满洲发祥，咏至清亡，涉及宫廷生活、典章制度、风俗轶闻等。

发式	出处	述文
钿子头	［清］福格《听雨丛谈》[1]卷六"钿子"条	八旗妇人彩服，有钿子之制，制同凤冠，以铁丝或藤为骨，以皂纱或线冒之。如凤冠，施七翟，周以珠旒，长及于眉。后如覆箕，上穿下广，垂及于肩，施五翟，各衔垂珠一排，每排三衡，每衡贯珠三串，杂以璜瑱之属，负垂于背，长尺有寸。左右博鬓，间以珠翠花叶，周以穿珠璎珞，自额而后，迤逦联于后旒，补空处相度稀稠，以珠翠云朵杂花饰之，谓之凤钿。又有常服钿子，则珠翠满饰或半饰，不具珠旒，此与古妇人冠子之制相似也
	［清］杨米人《都门竹枝词》[2]	一条白绢颈边围，整朵鲜花钿上垂。粉底花鞋高八寸，门前来往走如飞
	［清］崇彝《道咸以来朝野杂记》[3]	妇女著礼服袍褂等，头上所带者曰钿子。钿子分凤钿、满钿、半钿三种。其制以黑绒及缎条制成内胎，以银丝或铜丝支之外，缀点翠或穿珠之饰。凤钿之饰九块，满钿七块，半钿五块，皆用正面一块，钿尾一大块，此所同者。所分者，则正面之上，长圆饰或三或五或七也。凤钿除新妇宜用，其他皆用满钿，孀妇及年长妇人则用半钿
盘鸦（似大拉翅）	［清］宋观炜《秧歌词》[4]	钗荆裙布髻盘鸦，缓步长街卖翠花。几度相逢还一笑，今年春色属谁家
	［清］黄遵宪《新嫁娘诗》[5]	髻云高拥学盘鸦，一抹轻红傍脸斜。不识新妆合时否？倩人安个髻边花
	［清］王贞仪《梳头歌》[6]	调朱弄粉亲盘鸦，青入眉峰黛色斜。梳罢背人还对影，一枝簪得海棠花

---

1 《听雨丛谈》是清代福格著风俗掌故笔记，一共十二卷，内容以涉及清代满洲及旗人风俗制度为多。
2 《都门竹枝词》即京城北京人民所唱的民歌。
3 崇彝的《道咸以来朝野杂记》，是一部记载清道光、咸丰以来直到本世纪三十年代北京的掌故旧闻的笔记，内容涉及朝野的各个方面。
4 清朝知名文人宋观炜所作《秧歌词》，详细描述了胶州秧歌六个行当的表演形态以及服饰、所用表演道具。
5 黄遵宪《新嫁娘诗》刻画了一位年轻姑娘在出嫁时的衣着装扮。
6 清代著名女算学家、天文学家王贞仪《梳头歌》描述了满族姑娘梳头时的动作与装饰。

1. 入关前辫发盘髻

满族服饰、发式与其生活的自然环境、生产方式有着密不可分的联系。清入关之前，满人主要聚居生活在东北地域，受到寒带环境气候的影响，造成了与中原人不一样的生产方式和生活习惯。无论男女，从小就学习骑马狩猎，因此，服饰为上短衣下裤装，发式"辫发盘髻"就成为部族的标志。冠，在满族人看来只明示尊卑，不用于骑射，故男子戴冠，女子无冠。《大金国志·男女冠服》记载，"妇人辫发盘髻，亦无冠"。具体发式形制从皇太极孝庄皇后画像中可以看出，是将头发盘至于头顶或者在盘发之后用头巾包裹。此种发式无论身份贫富贵贱，皆以辫发盘髻成式或与骑射迁徙的生活方式有关。贵族与平民的区别主要体现在发髻的配饰上，例如贵妇主要插戴金银发簪、发钗、东珠等，平民女子只插饰木簪。在功能上，此种发式适于骑射，行动便捷，野外宿营又可以枕辫而眠。满俗的辫发盘髻也表现在婚姻状况上。未婚女子用双髻，在头顶左右结成长辫后盘转成髻，又称丫头。已婚女性将头发集中于头顶部位，编成独条长辫，盘转成头髻形似首冠。这种差异，无论对个体还是部族，都具有社交行为的指引作用，这也为清入关后，以钿子头为标志的女冠规制的形成打下了基础（图2-7）。

图2-7　孝庄皇后画像
（来源：故宫博物院藏）

2. 清初期缠头、包头和叉子头

清朝初期，皇太极在盛京建国。顺治帝入关不久，正当稳固政权之际，因此满族服饰主要保留以朴素简洁为主的传统旧俗，尚节俭之风，禁奢华之气，女子发式同样趋于简朴。这一时期，为了保护本族文化，受汉族服饰影响较小，主要表现为缠头、包头和叉子头，少有妆饰。

在民间发式很多，但基本保持着满俗传统。其中缠头沿袭了辫发盘髻的团头样式，又称为旗髻，是满族民间普通中老年妇女常梳的发式（见图2-7）。满族妇女进入中年后，不再梳"头翅儿"（类似两把头），改梳缠头，其造型似带花纹的馒头。头发多的妇女可将头发梳成圆形或扁圆形的高髻在头顶上方，或留有"燕尾儿"，并插戴首饰。头发少的妇女，将头发绾成一个螺旋式发髻，称"卷儿"。同时，还出现了个性化的缠头。"水葫芦"称为水鬓头，是将两鬓角的微弱余发挑起来，施肥皂水起到发胶作用紧贴耳颊卷成钩形固定，来衬托脸颊，如桃花带雨，这种方式被后来的京戏用在妇女角色美化脸型的发妆上（图2-8）。盘鸦状发髻模仿雄鹰的翅膀，有专家认为是引入蒙人崇拜鹰的传统。模拟效仿鸦鹊的外形或是满人创新的发髻。从侧面看，发式像是鸦鹊之形，表达对鸦鹊图腾崇拜与敬畏，确也成新嫁娘的绮美追求。正如清代诗人黄遵宪在《新嫁娘诗》中的妙笔生花，"髻云高拥学盘鸦，一抹轻红傍脸斜。不识新妆合时否？倩人安个髻边花"。就满蒙不分家的传统而言，很有可能晚清的大拉翅就是这个民族对鹰和鸦鹊这些神鸟图腾文化基因的延续，实用功能和自然崇拜是它的基本特征。

如果说缠头更多融合了满蒙传统习俗的话，包头则更显示出满族文化的原生性，即内敛大于彰显。满族男女都有盘髻的习惯，即把头发辫成一个辫子，将其绕成一个圆形盘在头顶。不同的是，妇女还可以将青绫或绉纱把盘发包裹起来，故称包头。包头原指饰品，满语称为šufari，源自šufambi一词，意为"聚拢、攒集"，其原意为收拢发髻的饰物。《御制增订清文鉴》里这样解释šufari："hehesi i ujude hūsime hūwaitara cohome jodoho yacin suberi durdunbe šufari sembi"[1]。直译为：将女人梳盘于头上发髻包着系上的，经

---

1 蒙古学研究文献集成编委会：《御制增订清文鉴》，广西师范大学出版社，2016。

满俗戏剧　　　　　　　　　　　　　　　　　梅兰芳饰演铁镜公主

图2-8　清代戏装妇女角色的发妆源于满俗的缠头
（来源：私人收藏；梅兰芳纪念馆藏）

过特别纺织成的青绫或绉纱，称为包头。由此认为，包头是一种将头发包裹起来的布料，需在盘发的基础上完成，故而民间又称盘发包头。盘发包头之后，可直接在包头表面用不同的簪钗装饰。尽管簪钗的插戴数量及装饰风格较为自由，但包头毕竟是贵族妇女的风尚，这就决定了它的高贵出身。在正式场合会使用大型簪花，为了显示地位和财富也会使用数个大型的凤簪进行装饰，这就是后来的凤冠钿子。到清中期，"包头的装饰样式逐渐固化，形成骨架，从简单的临时拼组，到成型的钿子发式进行转变"[1]。由此可见，包头是钿子头的前身，它之所以成为贵妇的贵冠正是由包头富贵风尚的血统决定的（图2-9）。

---

1 李芽等：《中国古代首饰史》，江苏凤凰文艺出版社，2020，第1058页。

图2-9　清初旗人命妇像包头样式
（来源：美国弗利尔-赛克勒美术馆藏）

《阅世编》记载，"顺治初，见满装妇女辫发于额前，中分向后，缠头如汉装包头之制，而加饰其上，京师效之，外省则未也"[1]。可以说在该时期满族妇女发式为从前额辫发，缠头包髻，并加有简单饰品于发髻，确有"汉装包头"的风尚，也都用在婚后妇女，且满汉共治一直到清末民初（图2-10）。在顺治初期，婚前女子的"小两把头"雏形开始慢慢形成，其原型来自于叉子发髻，故称"叉子头"。该发型最初小是满人自旅女仆的发式，后来被各阶层妇女所效仿，但由于它高贵的出身仍以贵族妇女或二三十岁的年轻女仆使用居多（图2-11）。四十岁以上妇女，多是在头顶上梳成"盘盘髻儿"，就是满族有"母发"之称的辫发盘髻（见图2-7）。因此叉子头的意义在于，它成就了两把头到大拉翅的诞生，它在年轻贵族妇女中流行又使它充满了活力。重要的是它仍保留着游牧民族对大自然的崇拜，以花朵作为头饰装扮又是叉子头迎合妇愿的美器。

随着清朝礼仪制度的日渐完善，在服制方面，越来越依赖于汉族传统而全盘继承了明代服章制度。在世俗方面，民族融合成为时尚，发式便是最具显示度的物质形态。在与汉族文化相互学习和交流的同时，满族女子的发式也渐渐

1　叶梦珠：《阅世编》，辽宁人民出版社，2000，第96页。

上海女士

乘坐独轮手推车

夫妻站立肖像中的束发妇女

图2-10　19世纪中后叶的"汉装包头"
（来源：弥尔顿·米勒和约翰·汤姆逊）

图2-11　满族早期的叉子头和小两把头
（来源：约翰·汤姆逊《北京满族妇女和她的儿媳》）

发生了改变。在顺治初年，受到汉族军营中将官眷属所佩戴精美头饰的影响，满族女子也开始纷纷效仿，追逐头饰上的繁缛华丽风尚。由于满族女子头饰风格简朴素雅的传统，最初在引入汉俗秀女的华丽头饰时仍不适应，直到康乾盛世的到来，满汉融合才成大趋势，也迎来了满族妇女发饰艺术的巅峰。

四、清中期钿子头

随着时间的推移，满族与汉族之间文化界限有慢慢淡化与逐渐交融的趋势，满族对汉文化的态度逐渐趋向包容与开放。满族与汉族的发型分界线逐渐减弱，且互为效仿，形成了满族与汉族女子发式我中有你你中有我的风格特点，极大地丰富了满族女子的发式。例如，汉族女子的如意缕就发展成为满族女子的如意头（图2-12）。

康乾盛世的繁荣，社会稳定，经济发展，加之清朝宫廷的特殊地位，全国各地的名贵首饰源源不断地进贡朝廷，这也极大地刺激了后宫贵妃追求精美饰物的心理。后宫妃子的发式出现了由小到大、由实用向追求奢华发展的变化趋势。钿子头就是这个时期的产物。

钿子是清代满人贵族妇女所佩戴的一种头饰，满语叫šošon i weren，直译为发髻的帽圈。"满八旗贵族妇女平日梳旗头，穿朝服时戴朝冠，穿吉服戴吉服冠，穿彩服时戴一种类似冠的头饰叫钿子。"[1] "钿"原意为镶嵌金银珠宝的饰件，宝钿即镶嵌宝石，翠钿即镶饰翠玉，这样的帽冠统称为钿子。

《听雨丛谈》云："八旗妇人彩服有钿子之制，制同凤冠。"[2] 这意味着明朝凤冠延伸到了命妇制度中，自然进入清朝的汉官也因袭着这种儒家传统。不同的是，基于"男从女不从"[3] 的清制，做官的丈夫衣冠必须遵从大清礼部官制，而女眷就延续了明代的命妇衣冠制度。这种儒家文化对满族官员妇女影响深远，同时清朝女性服饰不入典而有更多的个性发挥空间，命妇凤冠的儒家风尚便成为满族人表达高贵血统的标签。因此，在形制上清代的钿子与明代后妃凤冠相近，都是以金属丝或藤为骨架，外表装饰由金银点翠镶珠宝成式，不同之处在于明代凤冠为圆顶型，有冠脚（图2-13），清代钿子为平顶，呈覆箕形（见表2-3）。《道咸以来朝野杂记》中记述了钿子的构成，"妇女着礼

---

1 曾慧：《满族服饰文化》，辽宁人民出版社，2010，第108页。
2 福格：《听雨丛谈》，中华书局，1984，第184页。
3 "十从十不从"：为缓和因"薙发易服"引起的民族矛盾而出现的没有约束力的制度，其内容为男从女不从，生从死不从，阳从阴不从，官从隶不从，老从少不从，儒从而释道不从，娼从而优伶不从，仕宦从婚姻不从，国号从官号不从，役税从文字语言不从。"从"即是汉人可以随满俗，"不从"则是保留汉俗。来自易叡：《中国各朝代婚礼文化》，吉林大学出版社，2017，第200-201页。

服袍褂时，头上所带者曰钿子。钿子由骨架、钿胎和钿花三个部分组成"[1]。
钿子骨架用铁丝或藤条制作；钿胎是以骨架作为支撑，用丝线、布或纸制成一
个形似"覆钵"的模胎；钿花是用各种簪花装饰在钿胎表面。钿花依需求可装
配、可拆卸、可有各种组合，常被设计成圆形的面簪或长圆形的结子。钿花图
案内容丰富，有各式花卉、凤、蝴蝶、云、蝙蝠等，其寓意大多来源于"富贵
吉祥"的汉俗（图2-14）。

图2-12　汉族女子的如意缕
（来源：弥尔顿·米勒《清朝官员的妻子》）

图2-13　清代命妇的凤冠
（来源：弥尔顿·米勒《广东的清朝官员夫妇》）

　　钿子形制，钿化前如凤冠，施七翟，周以珠旒，长及于眉，后如覆箕，
上穹下广，垂及于肩。根据钿上装饰的多少和内容的不同，又分凤钿、满钿
和半钿三种。钿花通常在凤钿中饰九组，满钿七组，半钿五组，皆用奇数
组。正面保持一组为正钿花。佩戴时前高后低，形似箩筐倒扣在头上，冠身
覆盖前额。不同身份阶层的妇女所佩戴的钿子有所不同，依据钿子装饰的

1　崇彝：《道咸以来朝野杂记》，北京古籍出版社，1982。

图2-14　钿花
（来源：台北"故宫博物院"藏）

面簪数量、华贵程度划分等级，在与服装的穿搭上钿子的样式和组合方式表现为约定俗成的样貌。所谓《听雨丛谈》所记"八旗妇人彩服，有钿子之制"，是说朝服有特定的朝冠，吉服（礼服）有特定的吉服冠，"彩服"是指除朝服和吉服以外的各色服饰，所配钿子也就出现了各色样式。约定俗成是在贵族阶层的社交文化中形成的世俗伦理，并非强制的礼法。因此各式钿子的使用面要远远大于礼冠（表2-3）。

表2-3　清中期钿子的三种形制

钿子类型	形制特征	约定俗成
半钿 （来源：故宫博物院藏）	五组珠翠钿花的半饰钿子	孀妇及年长妇人
满钿 （来源：故宫博物院藏）	七组珠翠钿花的满饰钿子	除新妇外表现富贵的类型
凤钿 （来源：故宫博物院藏）	九组凤翟钿花的钿子	新妇类型

　　钿子头的汉化与命妇制度有着千丝万缕的联系。《清代后妃首饰》提到，"后妃日常生活中穿着吉服时，有时不戴吉服冠而戴钿子，流行以钿子取代吉服冠，早期的钿子形式较简单，上面插戴一些简单的饰物，后来后妃、命妇的钿子发展十分华丽"[1]。相关的图像文献和晚清的影像史料梳理表明，清代钿子的变化趋势是由小到大，由简单到复杂的过程。清早期的钿子头是从包头衍生的。通过缠头，发鬓最宽发髻由额头两侧下移至双耳后侧最后以帽子的形式耸立在头顶之上，钿子变得高挺。为增加装饰的效果，汉官命妇的凤冠便被引入。装饰变化早期简单，珠饰和翠条成为装饰重点，晚期钿花面积加大且装饰工艺更为复杂。晚清，钿子头的正式性逐渐提升，最终取代了吉服冠成为盛装场合的标志性冠式，与大拉翅形成典型的礼服和便服配冠，而形成晚清满族贵妇衣冠的基本格局（表2-4）。

---

1 故宫博物院编：《清代后妃首饰》，紫禁城出版社，1992。

表2-4　钿子穿戴的演变

年代	画像名称	形制特征	画像
康熙	康熙孝昭仁皇后半身便服像 （来源：故宫博物院藏）	头发中分；佩戴钿子，钿子最宽处在额头两侧；两侧各插饰一小型饰件，样式素雅	
康熙	完颜氏像 （来源：故宫博物院藏）	前额金约上佩戴覆箕形钿子；钿子饰五组凤凰流苏钿花，珍珠修饰；钿顶装饰钿条，插戴流苏	
同治	慈安太后吉服像 （来源：故宫博物院藏）	头发中分，钿子最宽处下移至双耳后侧，出现网状编织钿子图案，钿花正中装饰长翠条，两侧装饰圆形结子，翠条前侧中央装饰点翠镶珠圆形结子，后侧发髻装饰牡丹和耳挖簪首饰	
光绪	光绪瑾妃照 （来源：《故宫藏影：西洋镜里的宫廷人物》）	钿子呈高帽冠，钿子中央及左右两侧各饰钿花一组，钿花尺寸硕大立体，并在钿子顶部加饰蝴蝶、花卉等纹样	

钿子头和大拉翅一样，越到晚清后期体量越大，配饰越奢华，无尽的娇饰笼罩其中，最具代表性的就是挑杆钿子，即"钿子戴挑杆"。挑杆是指垂有流苏的长杆挑子，由于挑杆的突出特征，习惯直呼"挑杆"就是指这种钿子。在形制上它是在凤钿基础上发展起来的，是以"满钿"作为"底子"，进行三步加饰的特殊钿子。加饰的第一步，是在原有左右两组"钿花"的位置，加饰假花，称之为"两团花"或"两团排花"。第二步，在两团排花上插入数组簪钗，这种簪钗有蝶形、凤形种种，且均垂小流苏。第三步，是在已经装饰完两团排花的钿子整体周围，加饰"垂珠大挑"。钿子发展成挑杆并非简单的装饰，其实挑杆的数量有所讲究。据现代满族诗人学者金寄水[1]回忆："我祖母……因系孀居，原有的二十四根'挑杆'只戴一半。"[2]载涛曾说，"钿子……插有垂珠大挑，或九或七"[3]。这里的"二十四"与"或九或七"，其实分别指的是挑杆的小挑和大挑。大体上，小挑一般以二十四根为"整副"，以十二根为"半副"；大挑一般以九根为"整副"，以七根为"半幅"。小挑为偶数，大挑为奇数。具体使用中，新妇和丈夫在世的妇人，用"整副"大小挑杆；而孀居之妇，则用"半副"大小挑杆。从时间上说，挑杆钿子是半钿、满钿和凤钿之后最晚的样式，似乎和大拉翅终结便发冠式一样，成为钿子礼冠的终结者。它形成于光绪，盛行于清末，装饰上的繁复已经超越凤钿，但它不是新妇的标签，而是类似于《红楼梦》贾母这种家族德高望重母权意义上的标志。由此在晚清动荡的社会背景下，这种钿子没有得到继续发展，然而在京剧中却把这个历史瞬间定格了（图2-15）。

---

1 金寄水（1915—1987），诗人、作家、编辑，满族，北京人。解放前，在北京以卖文为生；解放后，在北京市文联工作，编辑有《红楼梦外编之一司棋》《小桃园》等作品。

2 金寄水、周沙奎：《王府生活实录》，中国青年出版社，1988，第73页。

3 载涛、郓宝惠：《清末贵族之生活》，文史资料出版社，1983，第343页。

挑杆钿子[1]　　　　　　　　　　　　挑杆钿子行头

图2-15　晚清的挑杆钿子和京剧的挑杆钿子行头
（平湖·《故宫藏影：西洋镜里的宫廷人物》；《京剧史照》）

1　穿庆典盛装和挑花钿子的满族宫廷贵妇。

五、清晚期从小两把头、两把头、架子头到大拉翅

1.大拉翅的衍变痕迹

与礼服钿子头发冠相对的就是用于便服发冠的知了头,事实上它正是晚清大拉翅的初始形态。知了头是清朝中后期十分流行的满族妇女发式,由于它左一把右一把的扎结方法又成为两把头的表现形式之一。"在头顶盘发一窠,耳前两旁梳成双垂蝉翼状。因造型很象秋蝉,故称知了发式。"[1]详细梳法和源流已无可考。有专家认为大约明嘉靖年间,满族妇女发型主要是软翅式,知了头或由此演变而来,后由小两把头取代。

满族男女入关前皆以辫发为主,已婚妇女将头发编成两股辫子束于头顶中央并向左右伸展,称为小两把头,因外观形似一字,又称一字头。故宫博物院藏《雍正行乐图》,图中所绘妃子手执团扇,梳就小两把头,发式由左右两股辫子交叉成髻。头顶中央交叉,饰点翠结子,两侧饰一对金凤凰流苏、金累丝、点翠蝴蝶簪等,这便是大拉翅的两把头雏形(图2-16)。

图2-16 《雍正行乐图》局部
(来源:故宫博物院藏)

---

1 李寅:《清东陵揭秘》,中国人事出版社,2001,第94页。

在满族萨满教野神祭中，鹰被视为众神之首。鹰是萨满教的象征符号，满语称"达拉加浑""达拉代敏"，即首鹰、首雕之意。在文化上满蒙不分家，"大拉翅"便成为蒙满汉的混合语，释为雄鹰达拉的翅膀。满族称之为旗头，因其在北京流行，又称大京样、大翻车等。由此可见满族妇女推崇大拉翅头冠有母系氏族的遗风。满族入关前女子发式为辫发盘髻，入关后满族女子的发式及装饰受汉族女子发式影响得到了极大的丰富，出现了礼仪等级的发制。钿子头和两把头流行于清中期，由于清律妇女服饰不入典章，作为便服冠的两把头比礼服冠的钿子头有更大的发展空间，特别是它更容易得到帝后的推崇，而成为非礼冠的礼冠，晚清大拉翅的盛行便成为标志性事件。道光、咸丰年间形成满族女子代表性的发式两把头，光绪朝慈禧太后又在两把头的基础之上增加袼褙[1]而越梳越高，这就是架子头的来历，又称两板头。在规制上，又从缠真发改成用青绒布、青素缎或青纱代替真发做成翅冠，与头顶的真发髻相连。发髻的发展形式也由旧式实用简朴型向夸张装饰型演变，大拉翅也由此产生。可以说，缠发翅冠为架子头，青绒翅冠为大拉翅，实际上是从发式衍变成冠式的结果。据称大拉翅称谓是慈禧赐予，但无论是两把头、架子头还是大拉翅，都没有脱离便服的发冠规制（表2-5）。

---

1 袼褙：用碎布或旧布加衬纸一层一层地粘在一起裱糊成的厚片，多用来制作布鞋、纸盒、书套等物。

表2-5　两把头到大拉翅的历史印记

相关信息		形制特征
《璇宫春霭图》（道光）故宫博物院藏		软翅头（知了头）两翼头发绕过T型发钗，向左右两侧发鬓低垂，头顶饰长条点翠，发鬓两侧饰花卉、耳挖簪和步摇
《玫贵妃春贵人行乐图》（咸丰）故宫博物院藏		一字头（小两把头）发际线中分，两翼头发绕过T型发钗往外延伸，与前额等高；头顶正中以红线束发，两侧饰花草、耳挖簪、流苏等
满族女子与侍女（同治）《晚清碎影：约翰·汤姆逊眼中的中国》		两把头发际线中分，两翼面积开始逐渐增大，与前额等高；从背部看，头发绕过扁方及T型发钗，正面装饰花卉及簪

相关信息		形制特征
满族贵族妇女（光绪）《清王朝的最后十年：拉里贝的实景记录》		发际线侧分架子头（两板头），借助假发和发架梳就，在架子顶端横插扁方，左右两把头交叉与发架缠绕，两翼面积增大呈下垂翅，耸立于头顶之上。脑后编结或饰佩燕尾。两翼装饰花卉、耳挖簪、点翠花钗等首饰
清末满族皇妃（光绪）山本赞七郎《北京名胜》		以铁丝制成骨架，外面覆青缎或青绒布，用面料制成翅形袼褙替代真发，以冠式呈现，背部右方插入扁方，前部旗头板垂端与旗头座齐平，耸立于头顶之上，两翼装饰花卉、点翠花、簪等。左右下角可悬挂流苏，且有规制
末代皇后婉容（民国）《故宫藏影：西洋镜里的宫廷人物》		晚清旗头板两翼面积增大，且垂端低于旗头座。背部右方插入扁方，正面中间装饰头正花，两翼装饰压鬓花。左右下角悬挂流苏，呈现乱制

2.小两把头

大拉翅经历了小两把头、两把头、架子头的衍变过程。两把头是其中的关键，它本身就有从小两把头到大两把头的发展过程。小两把头是清中晚期满族妇女流行的发式，发髻矮小，以真发梳就，因地域不同又分拉翅、紧翅和软翅三种形式，其区别在于分向两侧发髻的长短。图2-17为清咸丰旗人家庭祝寿图，现藏于加拿大阿尔伯塔大学博物馆。图中所示为旗人妇女所梳的发式小两把头，其翅背面的具体形式是将头发分成两把，在脑后横插扁方，并在左右发翅尾端插入一个T型发钗，发钗由铁质材料焊接而成，T型钗饰用发翅红绳捆扎与展翅固定。捆扎好的头发围绕着扁方进行缠绕，从外观上看呈八字形，头顶插戴鲜花及各色首饰，两翅较小垂于脑后，使用的扁方尺寸不会超出头围的宽度。这也就有了小扁方在两把头，大扁方在大拉翅的说法。首都博物馆藏《旗人女子画像》，画中女子穿着绿色便服，手持荷花，所梳小两把头拉翅，其梳就方式与上述旗人祝寿图如出一辙。它们都以真发梳就，插戴鲜花和各式发簪，在头顶横插扁方，扁方较为短小在发式正面无法显露，左右发翅插入发钗，两翼垂于脑后，正观呈八字形。从拉翅的整体外形看，两翼发翅小且下垂角度大，这是因为T型发钗重量所致（图2-17，图2-18）。

《璇宫春霭图》藏于故宫博物院，画中描绘的是道光朝孝全成皇后身着紫色便服携贵子游春的场景，所梳发式为软翅头。其中传递的重要信息是，软翅头为旧时满族妇女的典型发式，在嘉道咸三朝仍为主流，只是出现了不同的叫法。当然也会出现一些局部变化，不变的是两把头形制，即梳就方式需将全部头发集于头顶，在脑后分为两把，将两股头发绕过T型发钗，用红绳或发钗固定向左右两侧低垂，外观呈现两翼翅头，并在头顶饰长条点翠，发鬓两侧饰花卉、耳挖簪、步摇等。软翅头与拉翅梳就方式没有什么不同，只是软翅头的两翼下垂角度小，这或许是咸丰出现的 字形小两把头的过渡形态（图2-19）。

图2-17　拉翅背面发钗

（来源：加拿大阿尔伯塔大学博物馆藏）

图2-18　小两把头拉翅正面

（来源：首都博物馆藏）

图2-19 《璇宫春霭图》中的软翅头
（来源：故宫博物院藏）

在道光朝出现的紧翅小两把头主要用于老年妇女，这和她们渐趋发疏有关。故宫藏《旗人女子画像》，描绘了满族贵妇的日常紧翅发式。它梳髻的方式与软翅方法一致，用真发梳就，在脑后横插扁方，两翅插入发钗，由于扁方作用大于发钗，形成与拉翅和软翅头不同的效果，发髻两翼上移，高于两耳，逐渐由八字形趋向一字形，扁方的尺寸也变大，观察画像正面可露出扁方的轴头和轴尾，这是一字形小两把头流行的机理（图2-20）。《玫贵妃春贵人行乐图》藏于故宫博物院，绘画中的玫贵妃、春贵人和鑫贵人所梳的发式正是一字头的类型。它的扁方作用更加明显，而削弱了T型发钗的作用。利用扁方作为支梁，将头发收拢后，在脑后分为两把，用红绳固定，两端发髻自然下垂，从正面看呈一字形，并在两翼的上端插戴不同花卉、耳挖簪和各式的花钗（图2-21）。由此可见，小两把头的拉翅、软翅头、紧翅和一字头发式的梳就方式基本一致，但两翼发翅下垂由八字形逐渐向一字形变化。值得注意的是，无论拉翅、软翅头、紧翅还是一字头，都与后期的两把头、架子头和大拉翅的缠发方式如出一辙，且小两把头所使用的扁方到清晚期的两把头或大拉翅仍未改变它的功用，只是扁方的尺寸伴随着旗头板的扩充不断增大。从两把头、架子头到大拉翅或是因为扁方的增大而改变。

图2-20 《旗人女子画像》中的紧翅[1]
（来源：故宫博物院藏）

图2-21 《玫贵妃春贵人行乐图》中的一字头[2]
（来源：故宫博物院藏）

---

1 紧翅，满族女子发型由两把头发展至大拉翅，用真发缠就的两把头名为紧翅。
2 女发冠繁复的头饰只是表达外在的示美趣味，而一字头扁方大多是隐藏着的，深藏偶露才是女德的灵魂。因此，清晚期工艺精美的扁方有暗示藏德之意而成为收藏家关注的东西。

3. 两把头

到晚清两把头成为满族上层妇女婚后最典型的发式之一，或成为两把头的定式，其中扁方起着重要的作用，小两把头的各种称谓也被两把头取代了。此时照相技术的广泛使用也真实地记录满人衣冠文化的这种历史细节。晚清苏格兰摄影师约翰·汤姆逊[1]（John Thomson）拍摄了丰富的满人风俗，其中一幅《满族已婚女子头饰》，是极具教科书式的影像史料。此照片拍摄于1871—1872年，为正冠前后两幅，照片中女子身着便服，发冠结构清晰，所梳发式为典型的两把头，其整体呈一字形。具体造型为脑后有发髻头座，头顶横插扁方，头髻分成两把，围绕扁方和左右T字型发钗进行交叉缠绕，后部头发尾根用绳子捆扎，且用发簪固定，发式正面左翅装饰花卉和发簪。其中对两把头样式定型起到关键作用的便是扁方，其为金属材质，扁方一侧书卷造型为轴头。扁方通体纹样使用錾花、雕刻等工艺，繁复精巧。扁方在两把头中起到横梁的作用，使发式缠绕形成左右伸展的发翅。扁方又可以自由更换，因其精美的金属刻花又成为炫耀女德的灵魂之器（图2-22）。

图2-22 《满族已婚女子头饰》
（来源：约翰·汤姆逊《中国与中国人影像》）

---

1 约翰·汤姆逊（John Thomson，1837-1921），19世纪重要的摄影先驱之一，被誉为"摄影界的马可·波罗"。汤姆逊是很早广泛拍摄远东地区市井文化的摄影家，他忠实纪录了19世纪东方各国的风土人情，尤其用镜头记录下的晚清中国异常完整，成为"摄影中国近代史"极具史料价值、艺术价值和文化价值的影像文献。

另外一位美国女摄影师，埃莉萨·鲁马·锡楚德莫尔（Eliza Ruhamah Scidmore）[1]也拍摄了一幅满族妇女发式的照片，不过拍摄的是美国画家用西方绘画方式真实记录满族妇女两把头背视的素描。画作清晰地描绘了发髻的缠绕方式，头座加饰盘缠纹的发箍，铜扁方錾刻精细的寿字纹，以及正面左右两翅插饰繁复的各色鲜花，真实地反映了扁方、T型发钗和发髻之间依旧可以拆卸更换的两把头结构形制。扁方材质为银质金属，右端轴头造型为空心书卷轴且雕刻纹样，从背后观察所露出的扁方錾刻福寿纹，以二方连续形式排列（图2-23）。对于两把头的形制和扁方在其中的作用文献中也多有记载，载涛、郓宝惠所著的《清末贵族之生活》提到满族女子平时梳两把头时有这样的描述："从前式样简朴，皆以真发挽于玉或翠之横扁方上，并不像后来所谓大拉翅者。"[2]文康所著的《儿女英雄传》第二十回，描写了满族官宦人家妇女安太太的头饰上留着短短的两把头，扎着大壮猩红头把儿，别着一支大如意头的扁方儿[3]。我国台湾历史博物馆前馆长王宇清先生在《历代妇女袍服考实》中详细地描述了戏剧两把头的梳就方法："先将长发分为两股，下垂到脖子后部，然后分股向上折，折叠时用黏液固定（黏液：是从植物中提取的一种黏胶，即刨花和芦荟。刨花是从一种树木中削出，湖南人称此树为岷子桐，用的时候将刨花放在容器中，加水，经一些时间便生出一种透明的黏液。芦荟是从芦荟中提取的黏液，因有异味，不如刨花使用广泛），覆压使之扁平，微向上翻，余发上折合为一股，反覆到脖子前，随后拿红头绳（红棉绳）绕发根一圈结扎固定。"[4]发根呈短柱状，绕以宽约三四厘米帛条，覆裹发根，其上横插长扁方，其余发绕于扁方上，从外观上看一字形扁方与笠柱状的发根合成"T"字形，最后用簪子横向插入固定。因此，扁方在真发梳就的两把头中主要起固定和定型作用。

1　埃莉萨·鲁马·锡楚德莫尔（Eliza Ruhamah Scidmore，1856-1928），是一位美国作家、摄影师，也是阿拉斯加探险家、记者和环保倡导者。在十九世纪末，她不断造访亚洲，到过中国、日本、印度等地，拍摄了很多珍贵的影像。
2　载涛、郓宝惠：《清末贵族之生活》，文史资料出版社，1983，第261页。
3　[清] 文康：《儿女英雄传》，江苏凤凰出版社，2008：第261页。
4　王宇清：《历代妇女袍服考实》，中国旗袍研究会，1975。

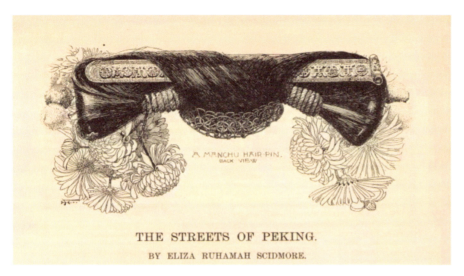

THE STREETS OF PEKING.

BY ELIZA RUHAMAH SCIDMORE.

图2-23　两把头的素描（背面）
（来源：中国台湾发簪博物馆）

　　事实上，在晚清小两把头和两把头是满族妇女便服发冠的主导，或可以理解成样式的不同。但在断代上，嘉道咸三朝是以包括拉翅、软翅、紧翅和一字头在内的小两把头为主。到了同治光绪朝，由于追求大扁方，两把头升高变大。值得注意的是，这种追求一定发生在年轻的贵族妇女身上，其原因一是她们蓄发的客观条件，二是她们求变求奢的愿望。但这不意味着小两把头退出历史，只是它更多的在旧势力（或偏远区域）和老年妇女中守持。这种情况也被汤姆逊用照相机记录下来（图2-24）。然而，这种潮流是无法阻挡的，它一定会影响到整个社会，当然满人的贵族集团首当其冲，既使是老年妇女也要创造条件跟上潮流，这就是架子头和大拉翅产生的社会机制。

图2-24　约翰·汤姆逊记录光绪朝满族妇女的小两把头
（来源：《晚清碎影：约翰·汤姆逊眼中的中国》）

4. 架子头

晚清进入光绪朝，在汉族习俗和西风东渐的影响下两把头开始越梳越高，借助假发和发架梳就。这就形成了没有年龄差别只分尊卑的发式，称谓也从两把头变成了架子头。当时住北京的法国公使武官兼摄影师菲尔曼·拉里贝（Firmin Laribe）[1]所拍摄的旗人贵族妇女照片，可以说是记录架子头最早的影像。架子头发髻是借助发架完成的，两把头中的T型发钗也与发架成为一体，变成发翅的展臂，民间也称两板头。扁方利用发架顶部的装置支撑，这个时期是将真发与假发混合梳就而成，围绕着扁方和两翼的展臂进行缠绕，但两把头的发髻方式仍未改变，只是后颈的燕尾髻出现了，它与繁复的头饰相配合构成富贵的符号。扁方从玉、翠变为金属材质与发冠变大有关，轴头和主体部分都是用镂空錾花工艺以降低重量。发根部用绳子捆扎后，再用盘缠纹发带围裹成旗头座，剩余的部分挽成燕尾。在正面的两翼发翅旗头板和旗头座之间装饰各色鲜花、发簪等，如此只传递一个信息，主人非富即贵（图2-25）。

图2-25 旗人贵族妇女的架子头
（来源：《清王朝的最后十年：拉里贝的实景记录》）

---

1 菲尔曼·拉里贝（Firmin Laribe 1855-1942）是法国公使武官，同时又是优秀的摄影家。拉里贝于1900年–1910年在华期间，担任北京法国公使武官负责安全保卫。他在北京的十年间，拍摄了大量的实录照片，主要拍摄地在北京及附近，内容涉及清末中国社会的方方面面。

同一时期的美国女摄影师，埃莉萨·鲁马·锡楚德莫尔所拍摄的北京市井的满族妇女表现的架子头照片，几乎与拉里贝的相同，但整体造型要朴素的多，不仅没有插饰繁复的花卉、发簪，旗头座上也没有盘缠纹发带，最大区别是后颈没有燕尾发髻，这或许是满族妇女卑微身份的体现（图2-26）。从图像和文献史料考证，燕尾发髻是从两把头开始的，发展到架子头，几乎成为标配，当然是表现在贵族妇女身上。到了光绪朝，架子头逐渐发展成大拉翅，这时假发成为主导，甚至假发也变成了青绒旗头板，自然燕尾发髻演变成可以拆装的饰物，也就没有了尊卑的选择，或变成追求高贵的符号而成为固定搭配。扁方则不同，它虽然在真假发架子头和真发两把头甚至大拉翅中的作用是不可或缺的，但是有尊卑暗示的。因为它可以使用金、银、铜等贵重的材料和精湛的錾刻工艺，也可以使用骨、木等廉价的材料或较少的工艺。由此可见，扁方成为架子头的焦点。

图2-26　晚清北京市井满族妇女的架子头
　　　　（来源：国家自然历史博物馆）

　　对于架子头的样貌和扁方，记叙的文献并不少见，但多是文学作品。子弟书《军营报喜》中描述满贵佳人的一首诗止如一幅写真："理清丝头分两把梳如意，扎把绳儿配大红，发髻上蝴蝶排儿飘彩穗，又将双鬓两边髇，琵琶式鬓边斜带金挖耳，真俏丽一枝别顶玉簪横。"[1] "头分两把梳如意，一枝

1　北京市民族古籍整理出版社规划小组：《清蒙古车王府藏子弟书》，国际文化出版公司，1994，第131页。

别顶玉簪横"使架子头变得生动而有诗意。又如晚清松友梅所著《小额》形容小文子儿的媳妇道，"虽然是仓花户的女儿、库兵的儿媳妇，打扮的倒还恭本，细条的身材，瓜子儿脸，重眉毛，大眼睛，擦着挺重的脂粉，梳着大两把儿头（句下自注：那时候还没兴腊翅儿呢）"[1]。"腊"是腊的繁写，腊翅就是大拉翅，这说明"大两把头"就是架子头，也就是大拉翅的前身。清朝玉壶生的《厂甸竹枝词》："假髻横梳两翅张，飘飐燕尾乌油光。牌楼休进人稠地，误撞真成坠马装。"其下注云："南人呼北人两把假头为牌楼，笑其既高且大也。"[2]这其中隐藏着两个架子头的重要信息，一是"假髻横梳两翅张"，说明假发流行，且两翅横梳很大可能是要靠很大的扁方；二是"飘飐燕尾乌油光"，不知内情的还以为是春意的描写，实为架子头的妙笔生花。子弟书《公子戏嬛》，道丫嬛素秋"穿着件旧绿羊皮花儿绉袄，套着件石青马褂儿素宫紬。围着条双丝顾绣的花儿帕，梳着个两瓣时兴的架子头。下边是小小红鞋素穗儿隐，上边是宽宽翠袖暗香儿浮"[3]。妙就妙在"两瓣时兴的架子头"，架子头（两板头）要梳成两个花瓣（两把头）一样，这也是时髦丫鬟的装束。可见尊卑已被民主自由取代了，从两把头的造型矮小，头顶平伏，以真发梳就，到架子头的造型硕大，借助发架耸立的发鬟垂直且横向展开似雄鹰展翅，扁方、花型、飘尾构成了大拉翅的基本要素而呼之欲出。

5. 大拉翅

据《旧京人物与风情》记载："慈禧当权时，因两把头蓄进了假发而对两把头作了彻底改革，最后以面料去替代真发梳就，俗称大拉翅。"[4]这是否真实无证可考，但从现存的图像文献和实物研究表明，大拉翅确是慈禧当政时流行的一种扁型头冠，外观形状模仿鹰的翅膀，高约一尺（约30厘米）。

---

1 松友梅：《小额》，世界图书出版公司，2011，第61-62页。
2 雷梦水、潘超、孙忠铨等：《中华竹枝词》，北京古籍出版社，1997，第350页。
3 北京市民族古籍整理出版社规划小组：《清蒙古车王府藏子弟书》，国际文化出版公司，1994，第567页。
4 北京燕山出版社编：《旧京人物与风情》，北京燕山出版社，1996。

根据标本研究显示，大拉翅制作流程先以铁丝或铜丝撼成一个帽型骨架，其中两翅展臂是从两把头的T型发钗借鉴而来与骨架形成整体，展臂可以达到40厘米以上。发冠是在骨架上用糨糊粘住多层布围裹制胎，称袼褙。最后用青绒布、青素缎或青直径纱等面料包裹，制成鹰翅状旗头板，满俗需在双翅上缠发（真假发共治），这是从架子头遗留的痕迹。定型后的大拉翅由旗头板和旗头座组成，缠发也消失了，外部以黑色绸缎为表，月白色缎为里，按传统的两把头缠发折叠覆压在骨架上，尾部用红绳缠绕并与旗头座相连。旗头板后顶部插饰扁方，底部装饰假燕尾，前面装饰各种金银珠宝、绢花或真花，翅板的底端装饰流苏。由此旗头（旗头板和旗头座）、扁方、流苏、头花和燕尾构成了大拉翅的基本要素。定型后的大拉翅从标本研究和图像文献考证大体分为两种，一种为旗头板左右翅角与旗头座齐平，另一种为旗头板左右翅角低于旗头座。史料表明两种形制，旗头板翅角低于旗头座大拉翅产生更晚，这让旗头板面积更大，也使头花装饰达到极致。装扮流程是在梳就适合佩戴大拉翅的发髻的同时需佩戴燕尾，其次将余发在头顶绾成扁髻，与大拉翅的旗头座相连用发簪固定。这些信息是通过大拉翅标本的结构研究取得的（图2-27）。

我国台湾发簪博物馆馆藏一件大拉翅藏品，其形制是旗头板与旗头座齐平的清晚期初现的代表性样本，表面装饰简练是大拉翅形成初期的特征。通过对标本的信息采集、测绘和CT透视显示，表面由青素缎整体包裹，主体结构由旗头板、旗头座和发架三个部分组成。旗头板的袼褙折叠方式是模仿两把头的缠头方式而来，展开结构类似于现代的领带状。旗头座由前后两幅袼褙组成锥筒状，覆盖在骨架上。发架采用焊接、盘绕等工艺撼成翅冠型骨架。整个工艺过程表现为从缠发到折布成器的技艺。标本的表面装饰分布在旗头板的中央和两翅，旗头板两侧称压发花，旗头板正中称头正，多采用纸胎点翠工艺。压发花采用花瓶和花卉组合的博古纹，表达高雅清洁；头正花为两只金鱼围绕着一朵金莲，具有吉祥美满的寓意。旗头板两翅左右下角装饰流苏，大拉翅中的垂穗形式有无穗、单穗和双穗三种，且充盈满俗传统。民间垂穗的颜色一般为红色和白色两种，白色单穗用于格格，暗示满族未出

图2-27　从两把头脱胎出来的大拉翅
（来源：故宫博物院藏）

嫁的姑娘，红色双穗则用于乌伦，明示已婚的媳妇，发展到后期有了尊卑变化。可见大拉翅或是晚清满俗汉制被物化的范示。

从标本的CT透视图观察，大拉翅的造型主要取决于内部的发架。发架由上、下两个部分和两侧展臂组成：下部是双环结构，形似扣碗状，以多根铁丝摵制而成以支撑旗头座；上部为梯形结构，与底部双环焊接固定；中间以四根不同长度的铁丝支撑，同时配合扁方成为旗头板的骨架；左右两侧各有一个展臂，横穿骨架中部，对两侧旗头板起支撑作用，展臂摵成T字型，不难看出是从两把头的T型发钗演变而来并与骨架形成整体。从标本的透视图分析，可以确定此标本顶端扁方为可拆卸结构，发架上端左右各有一个用于固定扁方的挂钩。这便传递了一个重要信息，大拉翅形成初期，发架和扁方还是保持着两把头分而置之的形式（图2-28）。

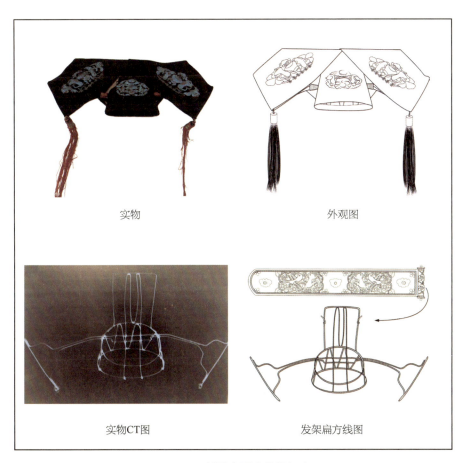

实物   外观图

实物CT图   发架扁方线图

图2-28 纸胎点翠大拉翅标本
（来源：台湾发簪博物馆藏）

大拉翅形成初期和鼎盛期在外观风格上的区别并不明显，基本要素没有发生改变，但在内部结构上发生了颠覆性变化。青绒绢花大拉翅同为台湾发簪博物馆藏品。从标本结构形制看，旗头板下角低于旗头座，扁方和发架成整体，这是晚清盛期的代表性样本。通过对标本的信息采集、测绘和CT透视显示，仍由旗头板、旗头座和发架三个部分构成，旗头板的折叠方式与初期大拉翅相同，用袼褙制胎，外部以青绒包覆，收拢后末端以红绳缠头。旗头座的座箍是由珠子串成的发箍，其大小根据使用者的头围尺寸来制作，显然是对两把头盘缠纹发箍[1]的继承（见图2-23）。发架由多根铁丝通过点焊、盘绕等工艺揻制而成，但与初期不同之处在于，发架的顶端捆绑扁方成整体。由于扁方不可拆装，为降低重量这个时期的扁方多采用镂空工艺，且纹样形式标准化程度高，出现了作坊式的批量生产。这说明大拉翅盛期的需求量很大，当然它的品质也不如早期。总之，娇饰风格充斥其中，饰物表面装饰物分布在旗头板的中央、两侧和旗头座之间，旗头板头正花为黄色丝带制成的月季，两侧压发花分别为黄色与红色芍药绢花。旗头座使用深色珠子串联编制的发箍，在标本背面可明显看出缠裹后重叠的结构，这为发箍的各种装饰手法提供了条件（见图2-31）。

从标本的CT透视图，能够清晰地反映大拉翅的骨架内部构成，与初期相比，整体上并没有很大改变，两侧展臂显得更为简化。最大的变化是它一改早期两把头和初期大拉翅使用扁方可以更换的方式，这也可以说明扁方的初衷是具有功能性及身份、尊卑意涵的。此标本扁方与发架是用铁丝缠绕加以固定，无法拆装，这意味着扁方的原有功能已消失，身份、尊卑意识更无从谈起，这或许是《紫禁城的黄昏》[2]"乱制"真实而生动的物化表现。扁方的装饰工艺及材质使用有所简化，只在扁方的左右两端镂刻芍药花，被遮挡部位做留白处理，材质虽是铜但薄得像纸一样。由此可见，发展到盛期大拉翅的风光无限却掩盖不了行将垮塌的内在结构（图2-29）。

---

1 盘缠纹，也称吉祥结，即线条曲折回转、首尾相连、无限循环的几何纹样，是八宝纹中的第八个纹样，寓意源远流长，生生不息。
2 《紫禁城的黄昏》，是末代皇帝溥仪的英文教师庄士敦写的长篇回忆录。

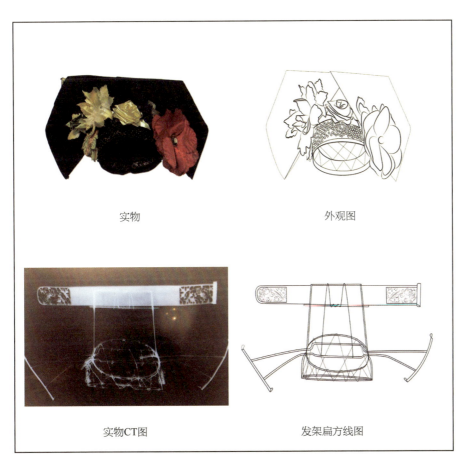

实物   外观图

实物CT图   发架扁方线图

图2-29　青绒绢花大拉翅标本
（来源：台湾发簪博物馆）

　　大拉翅的蒙古语释为雄鹰的翅膀[1]，盛行于光绪晚期到宣统时期，因是在北京流行的样式，所以又称大京样、大翻车等。凯瑟琳·卡尔在《禁苑黄昏——一个美国女画师眼中的西太后》中有这样的记述："从前拥有一头秀发的满族贵妇人都通过一枚金、玉或玳瑁的簪子（指扁方）把自己的头发从这发髻中引出来，挽成一个大大的蝴蝶结。皇太后和宫廷女官们用缎子取代头发，这样较为方便，也不容易乱。她们的头发光滑得像缎子一样，头发结

―――――――――――――

1　马尔塔、布艾尔：《蒙古饰物》，内蒙古文化出版社，1994。

束而续之以缎子的地方也很难看出来。发髻周围绕着一串珠子，正中是一颗硕大的火珠（应为东珠）。蝴蝶结两旁是簇簇鲜花和许多首饰。头饰右方悬着一挂八串漂亮的珍珠组成的璎珞，一直垂在肩上"[1]。这个场景也生动地记录在末代皇后婉容及其家族的影像中。婉容头冠那个超大极尽奢华的大拉翅把她的家族推升到极致，也把清王朝送进了历史。而她的母亲恒馨，头上的大拉翅虽然雍容但还内敛。当追溯到她的外祖母毓朗贝勒福晋，就回归大拉翅的本真了。这三幅不同时期同一种事物的历史片段，将它们串连起来，或是不忘初心的深刻启迪（图2-30）。标本固然是没有生命的东西，当掌握了它们系统的时候便产生了生命。标本来自不同的收藏家和博物馆藏品，八个标本旗头板下端都低于旗头座，且两翅硕大。通过对不同标本的形制、装饰和工艺研究，发现扁方与骨架也都捆绑在一起，不能抽动，采用铜制芍药花纹镂刻制作的扁方在规格、纹样、材质以及工艺上几乎一致。这或许暗示着婉容超大极尽奢华的大拉翅背后晚清物资匮乏却表面也要硬挺的心态（图2-31）。

婉容　　　　　　　　婉容之母　　　　　　　婉容外祖母

图2-30　婉容及其母亲、外祖母的大拉翅
（来源：《故宫藏影：西洋镜里的宫廷人物》）

---

1 凯瑟琳·卡尔：《禁苑黄昏——一个美国女画师眼中的西太后》，百家出版社，2001。

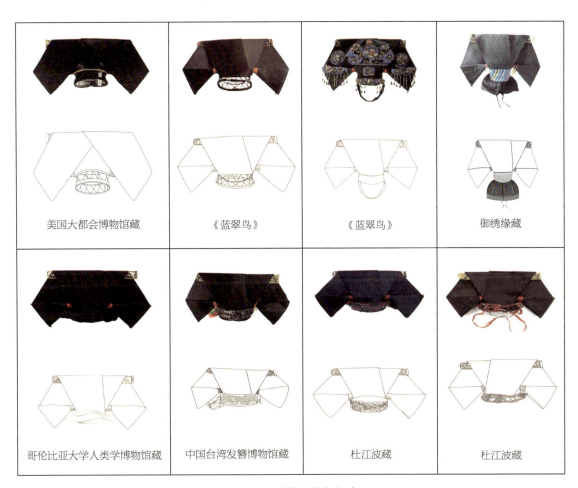

| 美国大都会博物馆藏 | 《蓝翠鸟》 | 《蓝翠鸟》 | 御绣缘藏 |
| 哥伦比亚大学人类学博物馆藏 | 中国台湾发簪博物馆藏 | 杜江波藏 | 杜江波藏 |

图2-31 盛期大拉翅标本

　　扁方从小两把头、两把头、架子头到大拉翅都是存在的，然而在大拉翅中扁方从缠发功能变成了支架横梁。因为从发饰变成了冠饰，扁方也从发的一部分变成了冠的一部分。扁方成为冠的一体形制正是大拉翅的终极目的。初期大拉翅中的扁方还保持着架子头的惯性，但作用不是缠发而是充当横梁以保持头板顶端的平直。这个惯性就是扁方可以拆装，无缠发可拆装的实际意义名存实亡，因此晚期大拉翅中的扁方与发架成为整体，且在尺寸、材质、纹样与工艺上出现"标准化"现象。无疑满族女子佩戴大拉翅成为一种时代风尚。晚清受洋务运动的影响，西方的工业化生产模式也潜移默化地影响着传统匠作的生产方式。扁方作为大拉翅符号化的时尚标配，在上层社会流行大趋势的促使下出现供不应求的现象。为适应大量的市场需求，匠作开始流水式的作坊化生产，在材质上统一，选择易保存、易制作的铜，固定纹样统一工艺，造成了产品的单一化现象，从两把头到架子头扁方风格多样形式多变的面貌不复存在（图2-32）。扁方形制的单一化促使人们把装饰的重点转移至旗头板和底座之上，且愈演愈烈（见图2-30）。满族妇女情有独钟的两把头，不论是拉翅、软翅、紧翅还是一字头，扁方根据发簪有大有小，有长有短，巧妙的T字发钗又塑造出各式而生动的发式。就是到架子头，这种丰富的扁方与T型发钗的组配格局仍未改变，这便是满族妇女本真的衣冠文化。而从架子头发架的出现，这种格局发生了彻底改变，扁方与发架成为整体的结果，正是从实用到娇饰，从本真流露到空虚浮艳的物化表现，或许也是对当时社会现象的变相呈现（表2-6）。

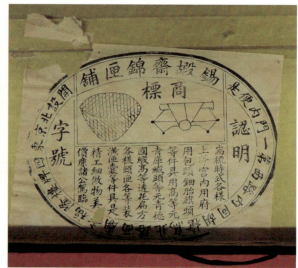

"锡挶斋锦匣铺" 大拉翅藏品

正视　　　　　　　　　　背视　　　　　　　　　　底部

左视　　　　　　　　　　右视　　　　　　　　　　底部

图2-32　盛期大拉翅与燕尾商品化标本
（来源：锡挶斋藏）

表2-6　从两把头到大拉翅的扁方与发式流变

时期	图像	实物
早期	小两把头（拉翅） 两把头	左发钗 右发钗 扁方
中期	架子头 大拉翅（早期）	
晚期	大拉翅	

　　清代末年也是徽班进京的历史时期，人们对京剧的喜爱快速飙升，是因为慈禧的喜欢成为宫廷戏的原因，京剧成为这一时期的国剧。京剧中增加的满式行头，大拉翅就继承了这个时期的满族传统，并在此基础上通过满汉文化的融合不断改良与创新，而清末民初大拉翅的基本形制并未根本改变，形成了京剧中独特的戏服风格，并成为定式至今。

六、结语

发饰在满族女子的服饰文化中占有突出的地位，这种带有母系氏族的文化遗存并没有在历史发展中完全消失，而是在迭代的民族融合中形成一种独特的民族范示，从先秦的肃慎到清朝的满洲，逐渐形成了最具满族妇女特色的发式"旗头"。入关前，满族女性的发式基本上延续着女真族辫发盘髻的传统。入关后的清朝初期，满族女子的发式虽然保持入关前的样式特征，也逐渐受到中原儒家文化的影响，从传统的辫发盘髻开始向钿子头和两把头礼俗的分化。由于两把头更具满俗传统，自然成为贵妇便服的配冠而得到发展，特别是两把头的双翼不断扩展，也使其标配的扁方成为绮美之物。钿子的装饰手法也影响到两把头，使各种首饰在簪、钗的基础上也更加丰富，更具满俗的珠翠、头花、鬓花也粉墨登场。到了清朝后期，奢靡之风盛行，在此特殊的时代背景下满族女性首饰种类更加多样，她们开始追求夸张的首饰，出现了材质精美的步摇、发卡、头箍等，更是喜好插饰鲜花。正是在这种粉饰的社会背景下诞生了大拉翅，由此实现了对金、银、珠翠、珍珠、流苏、头花等锦绣饰物佩戴于一冠的追求。

从两把头到大拉翅演变与发展的历史信息，从追求族属的本真衣冠文化到试图重塑先祖神灵的雄鹰，却掩盖不了其内在结构的空虚。

第三章

清朝女子衣冠规制

冠制是清代服饰等级制度中集中体现的部分。在帝制历史中，就民族融合而言，相较于之前各朝，清代可谓是集大成者，创造了衣冠文化"满俗汉制"的范示。清律妇不入典又赋予它制度的生动性和生命力。妇女冠饰以冠顶、冠饰、质地等不同，作为区分身份地位与阶层等级的标志，根据时间、地点、场合的不同，所穿着的服饰、所梳理的发式与佩戴的冠饰也有所不同。它们虽然没有列入典章制度但也存在强大的纲常伦理，因此就满族妇女而言，除了自己可以做主的礼服配钿子、便服配大拉翅的风尚，还要适应国体的服制，对应男子冠制，就有了朝服配朝服冠，吉服配吉服冠的女冠制，当然这只发生在皇室女眷和命妇中。

一、朝服冠与朝服规制

　　朝服冠是帝后君臣在举行庆典和祭祀活动时所佩戴的礼冠，有男女之分，男朝服冠服用者为皇帝、皇子、王公及文武百官。女朝服冠服用者为皇太后、皇后、嫔妃、皇子王公福晋、公主和命妇[1]。因季节原因又分为冬朝服冠（暖帽）和夏朝服冠（凉帽）。乾隆时期定制，佩戴冬朝服冠时间为阴历九月十五日至次年三月十五日，夏朝服冠佩戴时间为阴历三月十五日至九月十五日，且每年阴历九月十五日或二十五日前、上元之后戴熏貂（黄黑色）皮冠，十一月朔至次年上元戴黑狐皮冠[2]。女朝服冠是借用男朝服冠形制加上以金凤为主的钿子形成的，相当于明朝的凤冠（图3-1）。

男朝服冠　　　　　　　　　　　　　女朝服冠[3]

图3-1　貂皮嵌珠帝后冬朝冠
（来源：台北"故宫博物院"藏；故宫博物院藏）

1　王渊：《服饰纹样中的等级制度：中国明清补服的形与制》，中国纺织出版社，2016，第176页。
2　宗凤英：《清代宫廷服饰》，紫禁城出版社，2004，第106页。
3　貂皮嵌珠皇后冬朝冠，清代，通高30厘米，口径23厘米。冠圆式，貂皮为地，缀朱纬，顶以三只金累丝凤叠压，顶尖镶大东珠一，每层之间贯东珠各一，凤身均饰东珠各三，尾饰珍珠。朱纬周围缀金累丝凤七只，其上饰猫睛石各一，东珠各九，尾饰珍珠。冠后部饰金翟一只，翟背饰猫睛石一块，尾饰珍珠数颗。翟尾垂挂珠穗五行二就（横二排竖五列），中贯两面金累丝"心"形结，珠穗饰有金累丝与珊瑚制成的坠角。

根据清律女便服不入典礼服冠入典的规定，朝服场合上至皇太后、皇后、妃嫔，下至皇子王公福晋、公主及命妇要佩戴女朝服冠。《大清会典》记载，皇太后、皇后朝服冠，冬用熏貂，夏用青绒，上缀朱纬（红缨）。顶三层，贯东珠各一，皆承以金凤。女冬朝服冠的冠檐皆用熏貂，上缀朱纬长出冠檐，冠后皆有护领，并垂涤两条。女夏朝服冠以青绒制作，余制如冬朝冠[1]。朝服冠形制体现浓郁的满族文化与汉统章制吻合的特征，在使用上，冠顶充斥儒统礼教饰物及冠后满俗的垂绦颜色、号记都有明确的身份规定，因尊卑等级定式各异（表3-1）。

　　学界一般认为，清代礼服是以乾隆定制后的礼服为标准，在制度上形成一套完整严格的规定和适用范围，用于帝后群臣参加登基，祭拜天地日月，纳后大婚，皇后亲蚕以及元旦、万寿、冬至三个重大节日所穿着的礼服。就女朝服而言，与朝服冠搭配的礼服组合有朝袍、朝褂、朝裙以及相对应的朝服配饰等。从清代历朝御制皇后写真容像看，与皇帝容像没有什么区别，可以说是一个完整的女朝服冠图像史料。皇后所穿朝服与朝冠严格搭配，繁琐装置用于约束。康熙朝服下裳配朝裙，到乾隆定制改为通袍式衬裙，外罩朝褂加专属披领。朝服冠专配首饰，颈佩朝珠三盘，额束金约，耳坠吊饰，颈饰领约，胸前饰采帨等。且可见从乾隆定制到末代皇后的朝服冠形制相对稳定（图3-2）。

　　朝袍为朝服的主体，朝裙和朝褂为配服。根据选择的材质和色调分为冬夏两式，秋冬季穿冬朝服，春夏季穿夏朝服。朝袍形制为圆领右衽大襟，上衣下裳通袍制[2]，另加披领（扇肩）成配，马蹄式窄袖紧身，左右开裾。有接袖与衣身不同色，且不分冬夏，接袖皆用石青色，因此"袖异衣色"便成为女子盛装礼服的专属语，满语称为"赫特赫"（见图3-2）。马蹄袖无论男女都是礼服的标志，事实上清入关之后，它就成为以满俗为标志的国家符号，乾隆定制成为法统，平时挽起，正冠或行礼时放下。皇太后、皇后至县主夫人所穿着的是龙纹朝袍，贝勒夫人至七品命妇穿的是蟒纹朝袍。这种情形到了晚清出现

---

1 曾慧：《满族服饰文化研究》，辽宁民族出版社，2010，第63页。
2 女朝袍上衣下裳通袍制，与男朝袍上衣下裳连属制不同，显然清代皇帝朝袍形制具有先秦深衣的遗风，与上衣下裳通袍制相对，或许在礼制上明示男尊女卑。

表3-1 后妃朝服冠定式[1]

品级	冠顶	中间金衔	冠后护领
皇太后 皇后	冠顶三层，每层贯东珠各1颗，金凤各一只，每只金凤上饰东珠各3颗，珍珠各17颗，其上衔大东珠1颗。朱纬上周缀金凤7，每凤饰东珠9颗，猫眼石1颗，珍珠21颗。冠后金翟1，饰猫眼石1颗，珍珠16颗，翟尾垂珠，五行二就，每行大珍珠1颗，珍珠302颗	青金石结1，饰东珠、珍珠各6颗，未缀珊瑚	垂明黄涤2条，未缀宝石；青缎为带
皇贵妃	冠顶三层，每层贯东珠各1颗，皆承以金凤，饰东珠各3颗，珍珠各17颗，上衔大东珠1颗。朱纬上周缀金凤7，每凤饰东珠各9颗，珍珠21颗。冠后金翟1，饰猫眼石1颗，小珍珠16颗，翟尾垂珠，三行二就，凡珍珠192颗	青金石结1，饰东珠、珍珠各4颗，未缀珊瑚	
妃	冠顶二层，每层贯东珠各1颗，皆承以金凤，饰东珠9颗，珍珠各17颗，上衔猫眼石。朱纬上周缀金凤5，每凤饰东珠7颗，珍珠21颗。冠后金翟1，饰猫眼石1颗，小珍珠16颗，翟尾垂珠，三行二就，凡珍珠180颗	青金石结1，饰东珠、珍珠各4颗，未缀珊瑚	垂金黄涤2条，未缀宝石；青缎为带
嫔	冠顶二层，每层贯东珠各1颗，皆承以金翟，饰东珠9颗，珍珠各17颗，上衔珂（玉的名）子。朱纬。上周缀金翟5，每凤饰东珠5颗，珍珠19颗。冠后金翟1，饰小珍珠16颗，翟尾垂珠，三行二就，凡珍珠172颗	青金石结1，饰东珠、珍珠各3颗，未缀珊瑚	
皇子福晋 亲王福晋 固伦公主	冠顶为镂金三层，饰东珠10颗，上衔红宝石。朱纬。上周缀金孔雀5，饰东珠各7颗，小珍珠39颗。后金孔雀一，垂珠三行二就		
世子福晋 和硕公主	冠顶为镂金三层，饰东珠9颗，上衔红宝石。朱纬。上周缀金孔雀5，饰东珠各6颗。后金孔雀一，垂珠三行二就	青金石结1，饰东珠3颗，未缀珊瑚	垂金黄涤2条，未缀珊瑚；青缎为带
郡王福晋 郡主	冠顶为镂金二层，饰东珠8颗，上衔红宝石。朱纬。上周缀金孔雀5，饰东珠各5颗。后金孔雀一，垂珠三行二就	青金石结1，未缀珊瑚	

---

1 曾慧：《满族服饰文化研究》，辽宁民族出版社，2010，第68页。

皇太极孝端文皇后　　　顺治孝惠章皇后　　　康熙孝诚仁皇后　　　雍正孝敬宪皇后

乾隆孝贤纯皇后　　　纯皇后头冠局部　　　嘉庆孝和睿皇后　　　道光孝穆成皇后

咸丰孝德显皇后　　　同治孝哲毅皇后　　　光绪孝定景皇后　　　宣统皇后婉容

图3-2　清代历朝皇后朝服冠像
（来源：故宫博物院藏）

"乱制"现象，朝服冠也是如此。

朝褂也称褂襕，是穿在朝袍外的服饰，其形制为对襟圆领无袖，两侧开裾，衣长过膝，形似紧身（长款马甲）。清承明制，褂襕继承了明朝汉族女子的比甲，"襕"说明襕纹充斥其中。朝褂多用缎面彩绣，缘饰襕纹绣作精细，其纹样规制依拥者等级亦不相同。

朝裙为女性朝服专配服饰，形制为圆领右衽大襟，无袖，上衣下裳连属制，皇太后至七品命妇穿着朝袍时，必须将朝裙穿着在朝袍之内。朝裙分上衣下裙并以断腰连接，下裙整幅正裁，施褶裥。皇太后、皇后至妃嫔的朝裙为红色，妃嫔的为绿色，材料为织金寿字缎，裙摆为石青五彩行龙或行蟒妆花缎。

朝服配饰严格。朝靴是朝服必配的长筒靴，分为冬朝靴和夏朝靴两种。朝珠为朝服所佩戴的长串珠，男女皆为180颗，从颈项垂至胸前。

金约为妇属朝服的专用头饰，是佩戴在朝冠下的一种头箍，类似发卡。由金箍和后部所垂串珠组成，上缀东珠、珊瑚、珍珠等珠宝翠玉，以金箍节数和串珠数量的不同显示后妃等级身份。领约是女性披领专用的配件之一，类似项圈，是穿着朝服时佩戴在朝袍披领上的一种圈形饰物，两端在后中对接并垂有两条绦带，绦带上缀有不同珠宝，垂于朝褂领后以示身份。

采帨是女性朝服专用的配件之一，从古时的配巾发展而来，类似领带，长约一米，上窄下宽，佩戴于朝褂第二个纽扣上，垂于胸前，彩帨上绣有与身份相应的号记纹样。朝服冠制会依此相互对应（见表3-1）。

二、吉服冠与吉服规制

　　女吉服冠是指上至皇太后、皇后、妃嫔，下至皇子王公福晋、公主及命妇在举行筵宴、迎銮、冬至、元旦、庆寿等嘉礼及某些吉礼、军礼活动时穿吉服所佩戴的帽冠。从《大清会典》中可以了解到，女吉服冠可以说是朝服冠的降级版、钿子头的升级版。根据季节，秋冬季佩戴熏貂皮檐吉服冠，春夏季佩戴钿子（钿子头）。钿子在《大清会典》中并没有具体规定，这与夏季无重大祭礼有关[1]。但女吉服冠的形制总体上更接近钿子头，由于吉服不是严格意义上的"正式礼服"[2]，吉服冠和钿子头在女吉服系统中形成了共治的局面。到了晚清，也不完全遵从秋冬吉服配吉服冠，春夏吉服配钿子，而是钿子在不分季节的吉服中大行其道，毕竟钿子头的自由度更高（图3-3、图3-4）。

　　正式的女吉服冠是有规制的，主要体现在冬吉服冠上，即上至皇太后下至七品命妇在秋冬两季嘉礼庆典所穿吉服需佩戴标准吉服冠。如此作为准礼服，除了冠顶所饰宝珠有所不同之外，其余规制相同：皇太后下至七品命妇吉服冠，以熏貂皮制成，冠上缀有朱纬，长至冠檐，檐皆向上，冠皆无带；顶珠因材质不同而明示品级，东珠为皇太后、皇后专属（表3-2）。

令妃　　　　　　颖嫔　　　　　　顺妃　　　　　　纯妃

图3-3　后妃冬季吉服冠画像（局部）
（来源：克利夫兰艺术博物馆藏）

1　宗凤英：《清代宫廷服饰》，紫禁城出版社，2004，第109页。
2　正式礼服相当于朝服，仪轨与形制严格并以典章制度规范；吉服相当于准礼服，仪轨与形制依社交伦理规范。同时女装相对男装自由度更大，因此吉服冠和钿子在吉服中并用。

图3-4 光绪瑾妃端康吉服与钿子组合的礼服照
（来源：《故宫藏影：西洋镜里的宫廷人物》）

表3-2 后妃命妇吉服冠顶制[1]

	品级	吉服冠顶珠材质
吉服冠	皇太后、皇后 皇贵妃、贵妃	东珠
	妃、嫔	碧璺玙
	皇子福晋、亲王福晋、亲王世子福晋、郡王福晋、贝勒福晋、贝子夫人、镇国公夫人、辅国公夫人、固伦公主、和硕公主	红宝石
	民公侯伯夫人、镇国将军大人、 一品命妇	珊瑚
	二品命妇	镂花珊瑚
	三品命妇	蓝宝石
	四品命妇	青金石
	五品命妇	水晶
	六品命妇	砗磲
	七品命妇	素金

1 宗凤英：《清代宫廷服饰》，紫禁城出版社，2004，第109页。

吉服冠搭配的服饰包括吉服袍、吉服褂、端罩、吉服朝珠等，其中吉服袍为标配，其他因季节加以选择。吉服袍应用于重大庆典、节日、婚庆礼仪、班师典礼、筵宴以及祭祀主体活动前后的序幕与尾声，其规格仅次于朝服。吉服袍形制为圆领右衽大襟，马蹄形窄袖并保持接袖形制，上衣下裳通袍，紧身直摆，左右开裾。皇太后、皇后至妃嫔用龙纹袍，其余用蟒纹袍。根据袍的颜色区分身份等级，皇太后、皇后、皇贵妃为明黄色，贵妃、妃为金黄色，嫔、贵人、皇子亲王福晋、公主郡主至县主为香色等，皇孙以下福晋红绿两色随用，贝勒夫人、民公候伯夫人及以下至七品命妇用蓝色或石青色。吉服袍领约和接袖均为石青色。吉服褂形制，为圆领对襟后开裾，袖口平直无马蹄袖，这些信息说明吉服褂的级别要低于吉服袍。吉服褂为八团纹饰，根据身份品阶不同，所绣纹样各异，皇太后、皇后、妃嫔至县主用龙纹褂，其余用蟒纹褂（图3-5）。

端罩满语称"打呼"，源于早期金朝女真族的风俗，选用优质的裘皮制成，同时又继承了古代"大裘而冕"的衮冕制度，因此它在包括朝服和吉服的礼服中是通用的。显然它在冬季罩于吉服袍之外起到保暖作用又复加了衮冕之礼。其形制为圆领对襟，平袖长至腕，通袍式，后开裾，长至膝下。按质地、皮色和衬里颜色区别身份和尊卑，明黄色衬里为后妃专用。

图3-5 后妃吉服袍画像
（来源：大英博物馆藏）

三、大拉翅与便服

  大拉翅为便服冠是不入典的，但从当时的图像史料分析具有明显的社交伦理，也可以梳理出从两把头到大拉翅与便服配伍的发展轨迹，且可以看出这种标志性的便服组配集中发生在晚清。咸丰时期的孝贞显皇后常服画像，身着便袍，佩戴蓝色领巾，发梳标志的两把头，装饰簪钗和花卉。另一幅光绪朝的瑾妃端康便服影像，为右手持玉质长嘴纸烟，身着便袍马甲，头戴大拉翅。大拉翅上装饰不同大小的东珠簪钗。两幅图像，从咸丰到光绪，虽都进入晚清，但也经历了咸丰、同治、光绪三朝，记录了满族贵妇从真发梳就的两把头到冠式结构大拉翅的明显变化。到了宣统朝，大拉翅就像当时的时局一样"动荡"越来越大，看上去头都难以支撑了，不变的是与便服组配还保持着最后的秩序（图3-6、图3-7）。

孝贞显皇后常服画像   光绪瑾妃便服影像

图3-6　两把头和大拉翅与便服搭配的后妃像
（来源：故宫博物院藏；《故宫藏影：西洋镜里的宫廷人物》）

图3-7　文绣的选妃照片
（来源：《故宫藏影：西洋镜里的宫廷人物》）

从现存的图像文献和标本研究表明，大拉翅无论发生多大变化，从扁方、T型发钗到整体发架，从两把头发髻到制成鹰翅状旗头板等，处处都有两把头遗留的痕迹。光绪朝的御用美国女画家凯瑟琳·卡尔[1]（Katherine Carl, 1865—1938）是在美国驻华公使康格夫人萨拉的推荐下进宫的，留下了慈禧太后唯一的四幅油画肖像。她在《禁苑黄昏——一个美国女画师眼中的西太后》一书中留下的文字或许还隐藏着更多的历史细节未被发现，对照大拉翅的标本研究，或可管窥那个时代的风貌："从前拥有一头秀发的满族贵妇人都通过一枚金、玉或玳瑁的簪子（本注：扁方），把自己的头发再从这发髻引出来，挽成一个大大的蝴蝶结（本注：两把头），皇太后和宫廷女官们用缎子取代了头发，这样较为方便，也不容易乱；她们的头发光滑得像缎子一样，头发结束而续之与缎子的地方会很难看出来，发髻周围绕着一串珠子，正中是一颗硕大的火珠（本注：东珠），蝴蝶结两旁是簇簇的鲜花和许多首饰，头饰右方悬挂着一挂八串漂亮珍珠组成的璎珞，一直垂到肩上。"[2]其中隐藏的信息：其一"皇太后和宫廷女官们用缎子取代了头发"，说明大拉翅很普遍且不分尊卑，满族贵妇的缠发可以说被放弃了；其二"头发结束而续之与缎子的地方会很难看出来"，说明头发打结和缎子做的大拉翅衔接得天衣无缝，这意味着发和冠彻底分离；其三"正中是一颗硕大的火珠（东珠）……，头饰右方悬挂着一挂八串漂亮珍珠组成的璎珞，一直垂到肩上"，说明这种形制的大拉翅只有慈禧可以拥有，并不是宫廷女官们可以享受的，因为东珠只用于朝冠和吉服冠顶，用在便服冠就有僭越之罪，在慈禧身上便成了"制度创新"，右悬八串珍珠璎珞也是大拉翅唯一的。当解开这些信息谜团，对照慈禧太后的画像，就不难想象与命运多舛的那个年代如此反差的社会样貌（图3-8）。

1　凯瑟琳·卡尔（1858-1938），是晚清在中国宫廷之内待了很长时间的外国人，又是唯一尚健在的中国后妃肖像画家。
2　凯瑟琳·卡尔：《禁苑黄昏——一个美国女画师眼中的西太后》，百家出版社，2001，第5-6页。

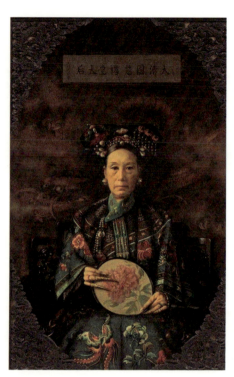

图3-8 慈禧着氅衣大拉翅便服照和油画
（来源：故宫博物院藏）

大拉翅搭配的服装主要是常服和便服，适用于非正式场合，如帝后和贵族妇女的日常起居、内廷燕居休闲或走访亲友、接待客人等日常场合。事实上常服和便服没有本质的区别，常服主内、便服主外成为约定俗成，头式头冠的讲究也就与它们更加契合。

常服主要有常服袍与常服褂两种形式，以素织暗花织物为主，多无缘边。常服袍形制为圆领右衽大襟，紧身左右开裾，平袖口或马蹄袖，袖长超过常服褂，无特定颜色，可以独立使用，也可与内袍外褂组合用于秋冬季。常服褂形制为圆领对襟、平袖口、后开裾、石青色，穿于常服袍外，不能独立使用。大拉翅与常服组合表现一种居家无拘束的朴素风格，大拉翅也没有过多的装饰（图3-9）。

图3-9 晚清隆裕太后（右四）与宫女们在建福宫庭院和幼时溥仪（左四）的合照
（来源：《故宫藏影：西洋镜里的宫廷人物》）

　　便服与常服不同，相当于今天职场的制服。基于社交的需要和个性价值的体现，便服的形式多样，颜色绚丽，纹样丰富，工艺精湛。便服类型包括衬衣、氅衣、马褂、马甲（或紧身即长马甲）等，其形制也是在裾式和褂式之间变化，也就为缘饰、袖式、纹饰的个性发挥提供了很大的空间。这与满族妇女标志性头式，从两把头到大拉翅的演变、发展和充满变数的化妆手法有着异曲同工之妙。但这不意味着它们放弃了制度，而是创造了制出于俗、俗源于用的满族智慧。衬衣和氅衣虽然都是圆领右衽大襟，挽袖袍制，而无开裾为衬衣，左右开裾为氅衣，也就有了单摆缘饰和双摆缘饰的区别，马褂和马甲一定是后开裾，且只穿在袍的外边，因此大拉翅也就有了遵从（表3-3）。

表3-3　晚清便服的基本类型

便服类型	形制特征
清晚期黄色绸绣花草纹衬衣 （王金华藏）	衬衣也称长衣、衬衫，原指满族男女穿在袍服内的便袍，其形制为圆领右衽大襟，袖长至腕，多为挽袖，直身无开裾，五纽。面料以绸料、绒绣、织花、平金织物为多，周身施加缘饰，错襟是它的典型特征。女性衬衣发展至后期成为舒袖和挽袖等不同袖式的便袍，为晚清女性服饰内衣外穿的代表性袍服
清晚期黄色缂丝墩兰纹氅衣 （王金华藏）	氅衣也称"大挽袖"，是从常服便袍发展而来，主要出现在清朝后期，繁复的缘饰、错襟和挽袖是它的特点，这些因素和艳妆大拉翅成为标配，也促使它成为晚清满族妇女社交的准礼服，慈禧便是推手。形制为圆领右衽大襟，直身左右开裾
清晚期紫色缎绣如意琵琶襟马褂 （王金华藏）	马褂袖口平齐，衣长过腰，后中左右三开裾，穿于袍外，常用于出行骑射而得名。形制多样，有长袖、短袖、宽袖、窄袖、圆领、立领、对襟、大襟、琵琶襟等
清晚期蓝色缎绣花蝶纹马甲 （王金华藏）	马甲又称坎肩、背心、十三太保等。趋于外化，初为内衣作为暖甲，后逐渐外化，成为内衣外穿的上衣标志。形制多样，变化规律和服用功能与马褂相似。缘饰镶绲工艺是其最大特点

晚清后期颠覆了大拉翅作为满族贵族妇女便服与常服的标配，一方面它作为日常生活的发式本就在装饰和搭配上更加自由，另一方面其适配便服而不入典，又逢晚清时局动荡而乱制现象频出。皇家大典祭先蚕礼时，乾隆朝清院本《亲蚕图》第四卷所绘的皇后，身着吉服，头戴嵌东珠吉服冠。到光绪二十三年（1897），皇后穿戴册记载，蚕坛抽丝献茧礼，皇后梳两板头戴双穗，穿花氅衣[1]。同是"蚕礼"，都是皇后，乾隆朝用的是吉服佩东珠吉服冠，可谓规制不可越雷池；到了光绪朝，用的是花氅衣佩两板头，有违背祖制之嫌。事实上更有甚者，通过对清末影像史料研究发现，此时既有穿氅衣配大拉翅的标

---

1 童文娥：《清院本〈亲蚕图〉研究》，《故宫文物月刊》2006年第278期。

钿子与吉服

大拉翅与氅衣

大拉翅与吉服

图3-10　晚清大拉翅的乱制现象
（来源：《清王朝的最后十年:拉里贝的实景记录》）

图3-11　京剧中的吉服与大拉翅行头[1]
（来源：《京剧史照》）

准便服，也有穿吉服配钿子头的弄潮者，甚至有堂而皇之聚集在一起宣示吉服大拉翅的叛逆者。由此可见，晚清大拉翅地位的提升，是以粉饰衰朽王朝的心理，强化满族政权而成为国家标签。这种乱制还未来得及纠正又迎来了民初军阀混战的动荡时局，便成为了正统，使得京剧中的吉服袍和大拉翅组合成为标配。这与其说是将错就错，不如说是本就如此（图3-10、图3-11）。

1　《四郎探母》中，李少春饰杨延辉、侯玉兰饰铁镜公主。

四、结语

　　根据清朝服饰制度的要求，满族自然成为主体，满族贵族女性佩戴的冠饰和发式会因身份和场合而不同，通常结构形制相对稳定，通过饰物的组合形式、颜色、材质加以区别。穿朝服戴朝服冠，穿吉服（彩服）戴吉服冠或钿子，因尊卑等级不同定式各异，以冠顶饰物及冠后的垂绦颜色加以区分。在非正式场合，发式与服饰组合形式虽然没有章制，但要靠社会伦理维系。大拉翅与便服、常服搭配，成为贵妇的标签。当社会走向伦理崩塌，这种维系变成了乱制的理由，大拉翅被推高到本不属于它的礼服化地位。这便成为晚清从帝制到共和迭代过程中时尚文化的一种独特的异化现象，学术研究就要剥离它回归本来面貌（表3-4）。

表3-4 晚清满族女子服饰组配

类型		形制	配饰	头饰	场合
朝服	朝袍	佩披领。圆领右衽大襟，上衣下裳通袍，左右开裾或左右后中三开裾，马蹄形接袖，接袖为石青色，衣身依据等级分章，季节分色	朝靴、朝珠、金约、领约、采帨、耳饰等	朝服冠（冬朝服冠、夏朝服冠）	帝后登基、祭拜天地日月、纳后大婚、皇后亲蚕、吉礼祭祀活动与元旦、万寿、冬至三个重大节日
	朝褂	圆领对襟无袖，直身后中和两侧开裾，长至踝，在朝袍以外，形似紧身			
	朝裙	上衣下裙断腰，裙正幅，在断腰施褶裥。后妃为红色，后妃以下为绿色，下部为石青色，依等级分章			
吉服花衣彩服	袍	圆领右衽大襟，上衣下裳通袍，左右开裾，马蹄形接袖，接袖为石青色，衣身依据等级分章	吉服靴、吉服珠、金约、领约、采帨、耳饰等	吉服冠（冬吉服冠、夏钿子）	重大吉庆节日、婚嫁礼仪、筵宴、嘉礼、吉礼与军礼活动
	端罩	圆领对襟平袖，袖长至腕，通袍式，后中左右开裾，按质地、皮色和衬里颜色区分等级。冬季配合吉服袍			
常服	袍	圆领右衽大襟，通袍左右开裾，平袖口或马蹄袖，素地无特定颜色	旗鞋（马蹄鞋）、常服珠、耳饰	素钿、两把头、大拉翅	日常起居、非正式场合
	褂	圆领对襟平袖口，开后裾，无特定颜色。穿于袍服外			
便服	氅衣	圆领右衽大襟，通袍左右开裾，挽袖，缘饰镶绲工艺	旗鞋（马蹄鞋）、便鞋	两把头、大拉翅、头簪等	日常起居、内廷休闲、接待宾客
	衬衣	圆领右衽大襟，通袍无开裾，舒袖挽袖，缘饰镶绲工艺			
	马褂	圆领对襟、大襟、琵琶襟等，后中左右三开裾，缘饰镶绲工艺（穿于袍外）			
	马甲	无袖马褂，圆领对襟、大襟、琵琶襟等，缘饰镶绲工艺（穿于袍外）			

第四章

大拉翅形制要素

据文献和图像史料显示，两把头是满族妇女最早出现的发式之一，且最为典型。之所以叫两把头，是因为用真发借助头顶的扁方和两侧的T型发钗两把梳头成髻，并在道光朝盛行。这种发制一直延续到光绪朝架子头的出现。之所以称架子头，是因为褡襻的出现，并由发架支撑，促使传统的T型发钗与发架结合成一体，又称两板头，这时固有的真发难以梳成两把髻而出现真假发共存的现象。大拉翅的出现，正是要摆脱梳发的制约来满足不同年龄贵族妇女对个性的表达，就形成了大拉翅发和冠分离的形制。

一、大拉翅的基本形制

大拉翅的定型是以发和冠分离为标志的，大拉翅的称谓也由此而来。它是一种中空硬壳的鹰翅形帽冠，由旗头板和旗头座组成，形成时间约在光绪后期。旗头板内部是用铁丝或铜丝制成的骨架支撑，外部袼褙以黑色绸缎为表，月白缎为里，模仿两把头的缠发习惯折叠覆压在骨架上，并与旗头座相连。佩戴大拉翅时需做缠发流程将脑后真发绾成燕尾式的扁髻，并在旗头上装饰织锦发箍和旗头板后顶部插饰扁方，这些虽已失去原有的作用但有尊祖和示贵的表达。旗头板正面装饰各种金银珠宝、绢花或真花，翅板底角垂饰流苏。由此旗头（旗头板和旗头座）、扁方、流苏、头花和燕尾构成了大拉翅的基本形制要素。值得注意的是，定型后的大拉翅有两种形制，从标本研究和图像文献考证，大体分为无假发盔和有假发盔两种，前者为旗头板下角与旗头座齐平，且扁方与发架分离；后者因为增加了假发盔旗头板更大，其下角低于旗头座，扁方与发架也成为整体（图4-1）。据考证在这两种形制中，有假发盔大拉翅的产生时间更晚，这使得旗头板中头花的各种装饰达到极致，这或许是晚清粉饰太平的生动实证（见图2-30）。

图4-1 大拉翅两种形制
（来源：王金华藏，王小潇藏）

二、扁方

　　为什么说扁方是满族妇女发衣之魂,从小两把头、两把头、架子头到大拉翅,从形制、结构、材料、工艺到卸妆手法都发生了改变,甚至单从大拉翅去想像它始祖的样貌,很难与小两把头联系起来。然而如果把它们的扁方放在一起,就不会有任何怀疑它们出自同一祖先,具有一种族属的基因,且非富即贵。值得研究的是,如此满俗原生性却与同时期出现的汉族妇女扁簪表现出同源异流的味道(图4-2)。

金镂花扁簪[1]

金镶宝扁簪[2]

金錾福寿扁簪

图4-2　同时期汉族妇女的扁簪
(来源:南通博物苑藏,海淀博物馆藏,安吉昆铜金银器窖藏)

1　清代簪针,长10.7cm,重14.5g,呈束腰形,通身为镂空的杂宝纹,并以回纹作边饰,制作精致,工艺细腻。
2　清代兰花叶形插簪,两端共有镶嵌槽六个,近端四个镶嵌有随形翠片,葫芦形镶嵌槽内镶嵌物佚失,背部有对称"甲宝成新足赤""福"字戳记。

1. 扁方的形制

同汉式扁簪，扁方形制平直如"一"，"一字头"就是由此而来。扁方一端为U形，另一端形似书画的卷轴，称轴头。扁方有长有短，短者适用两把头，长者是晚清与架子头和大拉翅的标配。短扁方因真发条件和发式的不同变化较大，通常分两种。第一种长度在12~14厘米之间，宽度在3~6厘米之间，多用于小两把头和盘髻发式；第二种长度在12.5~24.5厘米之间，宽度在1.8~4.5厘米之间，多用于小两把头。长扁方长度在 28~38厘米之间，宽度在2.5~6厘米之间，多用于架子头（两板头）和大拉翅发式上。材料和工艺的选择有宫廷和民间之分，宫廷扁方的材质有金、银、玉、玳瑁、珊瑚、翡翠、伽南香等，工艺采用金胎镶玉、点翠、镀金、錾刻等。宫制扁方与民间还有不同，就是要依照画稿（图4-3、图4-4）。民间的扁方自然朴素实用，材质有银、铜、骨、木等，贵族妇女也会用金和翡翠。《白雪遗音》有描写嘉庆道光年间民间富家主妇使用扁方穿戴的小曲，"奶奶打扮似天仙，苏州簪，抱闲莲，银扁方，翡翠燕，一丈青插鬓边，镀金圈子白玉环，藕色衬衣青看肩，满帮子插花红缎子鞋"[1]。由于缠发的功用，扁方外形单一，呈长方形，那么工艺主要表现在轴头和刻花上。轴头形式可分为实心轴、空心轴、画卷轴和条轴四种。在此基础下，又分与扁方同宽的齐头式和宽出扁方的出头式。在工艺上，无论出头式还是齐头式轴头，空心轴头和扁身通体錾刻不同纹样加以修饰，并在轴头两端镶嵌珍珠。实心和条轴轴头多为素面，只在扁身錾刻纹样。使用方法按左右手习惯分为轴头左朝向和右朝向，当然佩戴扁方右手持物的习惯更多，右手持扁方的轴头沿旗头板后方斜缝插入，扁方的纹样朝向旗头板的后方。插戴好的扁方在大拉翅的正面只露一点轴头和轴尾，在背面则露出扁方两端的更多纹饰。因此，扁方大多数在首尾两端着力施用工艺和纹饰。由此凸显了民间扁方在轴头和扁尾大做文章，中间保持素面状态而成为区别宫廷扁方的形制（表4-1）。

---

1 [清] 华广生：《白雪遗音·卷三》，中华书局，1959。

金镂空嵌珠石扁方

金镂空蝠寿扁方

金錾花双喜扁方

金錾花镶珠宝扁方

图4-3　晚清宫廷扁方
（来源：故宫博物院藏）

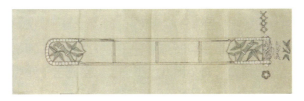

图4-4　清宫廷扁方图稿
（来源：台北"故宫博物院"藏）

表4-1　扁方的形制

单位：cm

实物／形制	尺寸	轴头形式	来源
	长：31.5 宽：3.3 轴头宽：0.7	齐头式空心轴	佟悦藏
	长：14.5 宽：2.5 轴头宽：0.6	出头式空心轴	
	长：14.6 宽：4.5 轴头宽：0.4	齐头式实心轴	
	长：18.2 宽：4.3 轴头宽：0.4	出头式实心轴	

2. 扁方的纹饰

扁方是满族妇女头饰中不可或缺的首饰。大拉翅由旗头板和旗头座组合结构的定型，扁方随之变长，具有可塑性的铜材质也被固定下来，也为表现纹样丰富的錾刻镶嵌提供了条件，呈现出千姿百态的方寸文化。值得研究的是，无论是民间扁方还是宫廷扁方，纹样题材都表现出明显的汉俗特点，但又不失族属传统，有他山攻错味道。如吉祥主题，总是以自然植物纹样为主，动物为辅；以写实形象为主，抽象为辅。通过收藏家提供的扁方实物和文献的整理，扁方纹样大体可以梳理出六种题材，分别为植物纹、博古纹、几何纹、动物纹、人物纹和吉语纹（表4-2）。

表4-2　扁方纹饰信息

单位：cm

实物／形制		尺寸	纹样	来源
		长：34 宽：5.5	动物纹	王金华藏
		长：36 宽：4.5	博古纹	
		长：15 宽：5	植物纹	佟悦藏
		长：21.6 宽：3.1	吉语纹	
		长：18.2 宽：4.3	几何纹	
			人物纹	冯静藏

满族妇女不仅喜欢在头上佩戴植物花卉，扁方中的植物题材可以说成为纹样的主导。即使和汉人一样表达同一种吉祥寓意，但表现手法不像汉俗的程式，而是利用植物的自然灵动表现形式。这源于满族原始的自然崇拜和万物皆灵的宇宙观，在满族人眼里，自然界不同形态的植物花卉果实都是能够求生救命的药材，而非当今文化中以花为美的装饰意义。满族称花神为依尔哈恩都哩。敬花为神，奉花为神，都源于原始的宗教信仰，百花是无数神灵的化身，为保护种族繁衍与兴盛，清供鲜花便成为了仪规[1]。东北地区寒冷，花期短，满族妇女有一种特殊的习俗，就是在头鬓上插上一个精巧的小瓶，瓶内装清水，插上一些鲜花，生机盎然，插鲜花便成为满族妇女头式的标配。因此，出于对自然植物的敬畏，植物纹就变成了沟通万象的灵物。植物花卉纹都会加入到其他纹饰中，扁方中的其他纹样主题或多或少以不同形式的植物纹样加入其中，寓含祈求平安的宗教信仰更符合满族的精神世界（见附录"扁方实物信息整理"）。

扁方上最具民族融合的纹样要属博古纹，它是在原有萨满教的基础上，接纳儒教、佛教、道教等其他宗教思想的混合物，多见汉俗的琴棋书画四艺加入植物纹的组合。这不仅反映了作为统治者包容的审美政策，也体现了满族草原文化善于交流吸纳和学习的传统。清入关后，特别是清中期，满汉纹饰的相互融合，动物纹样与人物纹样也逐渐成为满族纹饰形象中的一大特色。然而在满族图符文化中很少有动物和人物形象。清承明制，为了统治的需要接受了明代官服的服章制度，但也是有选择的继承，如龙凤纹、十二章、文禽武兽的补服制等。而在民间服饰上仍坚守满族传统，很少有汉族妇女服饰中的戏曲人物纹、童子图等。头饰纹样也是如此，从文献考察来看，少有发现扁方上有人物纹样的记载，扁方中的人物纹多以情景纹饰存在，寄托着重要的吉寓信息（图4-5）。然而童子纹的存在更是少之又少，真是踏破铁鞋无觅处，在冯静的藏品中有一个童子纹扁方。冯静在《如展画轴——清代满族民间扁方赏析》一文中发表了这件童子纹錾刻银扁方，并认为童子纹源于汉族传统。可见晚清在多

---

1 满懿：《满族图案》，中国纺织出版社，2020，第22页。

八仙人物纹

从左至右八仙人物纹局部

图4-5 人物纹扁方
（来源：王金华藏）

重文化的影响下，扁方也成为满汉融合的一大混合产物[1]。不过还有另外一种逻辑，银质童子纹扁方在满俗中绝对是个孤例，用满族汉化解释就很难信服。仔细观察童子纹，是居中团形，两臂环抱象童子头一样大小的寿桃，银、童子居中、寿桃等这些信息完全是汉族祈了良寿、前程锦绣（左桃花右牡丹纹）的寓意。故这个扁方或是汉族满化，也就是汉女接受了大拉翅，但内心还恪守着女德教化。这个案例或许生动地揭示了民族融合特质不是单向的而是互相的（见表4-2下例）。在满汉文化的融合下汉字的先进性是显而易见的，汉语也逐渐成为满族的日常用语，汉语谐音的吉祥寓意"讨口采"形式对满族文化有着深刻影响，因此吉语纹在扁方上的广泛运用表现出民族交流的深刻性。晚清在工业革命的推动下，满族在服饰及其他工艺品上大量使用图案的二方连续和四方连续组合纹，在扁方上的运用说明引入了标准化匠作方式，在表现形式上逐渐失去了个性风格和手工技艺的精髓，这意味着扁方寿终正寝（表4-3）。

---

1 冯静：《如展画轴——清代满族民间扁方赏析》，《艺术品》2016年第3期。

表4-3　扁方常见纹样图表

植物纹	博古纹	几何纹	动物纹	人物纹	吉祥纹
芍药、缠枝萱草、五味子、桂花、荷花、梅兰竹菊、绣球（紫阳花）、马兰（墩兰）、牡丹、藤萝、菊花、柳树、年息（杜鹃）、牵牛（喇叭花）	暗八仙、琴棋书画、四艺博古、福寿博古、对瓶博古、文字博古、藏传佛教八宝纹	方形图、团花图、异形图、二方连续、四方连续	蝙蝠、刺猬、鹿、仙鹤、蝴蝶、五毒、鱼	西洋女子、童子、人物组合纹	喜庆福来、龙凤呈祥、洪福齐天、福缘善庆、六合同春、封侯挂印、福禄寿考组合

3. 扁方与满俗

发俗可以说是满族妇女记录一生的生老婚丧的标志，扁方又是改变不同发式以旌祖制的工具。因此扁方又赋予了更多满人的精神内涵，特别是丧俗。满族妇女发式一直保持的原生习俗，堪称活化石。金受申在《老北京的生活中》谈到，在民间满族妇女梳两把头，如遇丧事要对两把头进行拆解并佩戴不同尺寸和材质的扁方来区分对不同死者的尊重，因此就出现了各种撂头形式，即放发梳辫，如"拆头撂辫、不拆头撂辫、拆头撂单辫、拆头撂双辫"等[1]。满族妇女最重的孝妆是为自己去世的丈夫撂辫行孝，不同的人也有不同的撂头形式。"夫死，妻子摘去两把头，拆开头鬏和燕尾，将头发用青线另扎一个大把，又将大把头发分成两绺编成两个辫子，辫梢散开不系头绳，任头发松乱，头把上插一个三寸或四寸长的白骨扁方（内务府用铜扁方），用头发绕住将辫撂在脑后，然后用大庄粗布包头带子将头上缠好，结于头后用针卡住，所余带子头即垂自身后，长者可以拴在腰带上，这叫做拆头撂双辫。儿媳为翁姑服丧也要拆头撂辫，不过只需要撂一个辫子，然后用青绳系辫梢，翁死撂左辫，姑死撂右辫，这叫拆头撂单辫。其中扁方形制和材质的变化有重要的明示作用，扁方可用长一点的银质或白铜质，在服丧中扁方以骨质为重孝，银质、铜质以短为重孝。侄媳及近族女性可用长扁方，并可佩戴耳挖簪首饰。远族媳辈孝妆不拆头，在两把头的基础上将左或右一把拆下梳成小辫，以死者男左女右区分，头上用绒花粗布做包头，佩戴白色首饰。可见，扁方无论是材质还是形制在平日和丧俗中是有区别的。值得注意的是，银质、铜质和骨质有撂辫丧俗的暗示。纹样虽然不像材质那样有特定的主题，总体上表达对死者的祈福，且满汉文化融合的痕迹无处不在（见附录2）。

1　金受申：《老北京的生活》，北京出版社，1989，第109页。

扁方在满族婚俗中没有太多的禁忌，表达富贵和吉祥是它的两大主题，因此金质玉质扁方成为婚俗头饰的风向标。《清稗类钞·礼制类》载："大婚日，皇后梳双凤髻，戴双喜如意，御双凤同和袍。俟皇上、皇后坐龙凤喜，食子孙饽饽饦，由福晋四人，率内务府女官请皇后梳妆上头。仍戴双喜如意，加添扁簪富贵绒花，戴朝珠，乃就合卺宴。"[1]其中的"扁簪"即"扁方"。《大婚典礼红档》记载，同治帝皇后妆匣中共包含十二支扁方，分别为赤金累丝扁方成对、赤金洋錾扁方成对，赤金镶嵌扁方成对，翡翠扁方成对，白玉玲珑扁方成对。当然这不完全是为大婚使用，赤金扁方为主不过表示富贵。光绪帝大婚时，皇后则有脂玉、绿玉、迦南香等各式长扁簪（本注：扁方）二十八枝且成对，是头饰中最多的首饰。因此，在晚清的满族贵妇中，长扁方也成为大拉翅非富即贵的标志[2]。

扁方，满族妇女的标志，其活化石的意义在于，它所保留的母系氏族的文化遗存，意味着不仅仅有母权的暗示，还是族群繁衍的灵器。在清代，婴儿出生后不论男女，在第三天要举行洗三仪式，意思是新生婴儿出生的第三天为吉日，要用香汤洗掉污秽，消灾解难，具有祈祥求福之意。洗三时，在洗盆中盛入用雄黄、犀角和艾绒调制的香汤，之后放入板栗、花生、红枣等吉祥果实，开始举行祈福仪式，用刻有吉祥纹饰的扁方将香汤搅拌均匀，搅拌时接生嬷嬷嘴里要不停地道念吉语，为孩子通神以得福慧。洗三仪式结束后，婴儿的女主人会把扁方作为报酬赏赐给主持洗三的嬷嬷。显然嬷嬷就是巫师，扁方便是通神的灵器。

据此，扁方在满俗的传统中也不只用在两把头上，只是从小两把头、两把头、架子头到大拉翅作为满族妇属的标志性发（法）器，扁方自然成为标配。在满人看来，它视为灵器，其他发式也会广泛使用。在同时期存在的另外两种发式，小高粱头和团头也会用扁方梳髻，值得注意的是它多用于婚后的中老年妇女，这也应验了扁方作为记录生老婚丧妇女一生的信物而笃守。

---

1 徐珂：《清稗类钞·礼制类》，商务印书馆，1912。
2 毛立平：《清代皇族女性嫁妆中的首饰》，《紫禁城》2016年第7期。

小高梁头是清代满族民间的一种横髻，与两把头有亲缘关系，也为满族所独有，即把头发绾到头顶盘成横髻，中间横插一根三到四寸的短扁方。迄今，在满族东北农村，一些上了年纪的满族妇女依然还在梳这种发式。其实它和小两把头一样，是满族妇女最原生的发式之一（图4-6）。

小高梁头   小两把头

图4-6 满族妇女的祖发
（来源：《图像中国满族风俗叙录》[1]，白夜照相馆藏）

在满族的俚俗中，如果儿子娶了媳妇，做了婆婆的女人就得从两把头改梳团头，以示与乌伦（媳妇）身份的区别，但扁方还在。团头又称老卷，是将头发盘于头顶，拧成螺旋式的发髻，但不用发网，而是横插一根扁方来固定，另需二三支配簪固牢。扁方长4~5寸，材质以金、银、铜或白玉、翡翠、牛角等不同材料来制作，且雕刻不同纹样。这些又有钿子头的痕迹，说明扁方的满族基因可源可溯。

---

1 富育光：《图像中国满族风俗叙录》，山东画报出版社，2008，第22页。

三、流苏

　　流苏在满俗中并非简单的装饰物。流苏，满译为旒、缨、穗子，是指一种用五彩羽毛或丝质物制成的穗状物，它与鹰翅旗头板组合成的大拉翅有原始巫教的意味，类似于印地安人的羽冠。清康熙后，重新制定并实行了嫔妃等级制度，《清史稿·后妃传》记载，康熙以后，典制大备，按等级划分为皇后、皇贵妃、贵妃、妃、嫔、贵人、常在、答应八个等级，各等级嫔妃在首饰材质、穗的数量长度和服装颜色的使用上有严格的规定（表4-4）。大拉翅作为晚清女装便服头饰虽未入典，也依嫔妃制度成为社交伦理，确也提供了非正式场合个性发挥的自由空间。大拉翅垂穗形式可分为无穗、单侧穗、双侧穗三种，是典型的满族妇俗。它虽不会列入典章，但也绝不会自行处之，有惯常的尊卑明示：双尊单卑，右尊左卑，有尊无卑。值得注意的是，因不受典章制约，这种规制并不严格，何况出现在晚清的大拉翅本就乱制现象严重，其流苏的表达也充满玄机，不变的是垂穗所承载的满俗文化。《萨满教女神》中说："满族将苏勒干乌西哈女神作为聪明智慧的源泉，族人在祭尊这位女神后，女萨满要给族中女孩衣襟别上智慧美丽的吉祥物——红穗，然后带到秋千上。"[1]可见垂穗女性特征明显，且演变成女族尊卑的符号。其中无穗和左侧穗较为常见，是因为大拉翅为常服头饰。年老者（或尊者）为右边垂穗，年轻者（或卑者）为单边垂穗，左右两边垂穗为上尊。王瑶卿[2]曾这样描述过，"当年进宫当差时见的不多，只有在皇帝寿诞时正宫娘娘梳两把头带双侧穗"[3]。这暗示妃、嫔、福晋、公主等只带单侧穗，或其他人不带穗子。这个信息至少说明，双穗高于单穗，单穗高于无穗，但无穗更普遍，这是由它便服头冠的出身所决定的。穗的材质分为珍珠穗和彩线丝穗，当然珍珠穗要高于彩线穗。但在大拉翅史料考查中只发现了慈禧的珍珠穗大拉翅便妆影像，而且是左穗，这种现象在实物中也未发现（见图3-8）。从垂穗的尊卑而言，尊贵的双穗却在慈禧身上从未发现，多在末代皇后中出现过。最不可思议的是，这种殊荣也赐给了外国公

1　富育光、王宏刚：《萨满教女神》，辽宁人民出版社，1995。

2　王瑶卿（1881—1954），原籍江苏淮安，生于北京。自幼从师学京剧，14岁登台演出。善创新腔，对京剧旦角艺术尤有所发展，在晚清常为清庭堂会的贵客。1926年后致力授徒，因材施教，培养和造就了很多京剧名家。1951年任中国戏曲学校校长。他为京剧《白蛇传》《柳荫记》设计的主要唱腔，流传很广。

3　姚保瑄：《王瑶卿艺事录》，《戏剧报》1988年第6期。

使的妇人。由此可见，这种乱制甚至成了维持岌岌可危王朝交易的筹码（图4-7）。

清末满族皇妃　　　裕容龄与内田政子　　　婉容与任萨姆　　　慈禧皇太后与光绪帝后妃等人

图4-7　晚清大拉翅垂穗的乱制
（来源：《北京名胜》，《故宫藏影 西洋镜里的宫廷人物》）

表4-4　皇后嫔妃用色与首饰规制[1]

级别	称谓	可用颜色	首饰规制
1	太皇太后、皇太后	通用	凤钿/凤冠（九尾凤）祥云装饰，可戴垂至肩膀流苏，可单穗且可两边同时佩戴
	皇后	明黄色、正红色	
2	皇贵妃	正紫色	侧凤簪钗（七尾凤）祥云装饰，可戴垂至肩膀流苏，只可佩戴单穗
3	贵妃	宝蓝色	侧凤珠钗（五尾凤），可戴垂至耳垂流苏，只可佩戴单穗
4	妃	红色（红色需为偏色，如橙红、海棠红等）	戴金步摇，可戴垂至耳垂流苏，只可佩戴单穗
5	嫔	紫色（紫色须为偏紫，如浅紫、紫罗兰）	戴银步摇，可戴短流苏，只可佩戴单穗
6	贵人	蓝色（蓝色须为偏色，如靛紫、宝石蓝）	宝石、翡翠为材质的首饰，无流苏
7	常在	除黄色、红色、紫色、蓝色之外的所有颜色，颜色为正色	珊瑚象牙为材质制成的首饰，无流苏
8	答应	除黄色、红色、紫色、蓝色之外的所有颜色，颜色为偏色	头花、可佩戴以金银为材质制成的首饰，无流苏

---

1 邸雯钰：《清朝宫廷皇室女子发式在影视作品中的创新研究》，博士学位论文，西安工程大学，2015。

四、头花

初兴的大拉翅更接近两把头，使旗头的面积集中在两翅，所以鬓花装饰主要集中在旗头左右，统称为压鬓花，且右丰左寡。到清末旗头板越来越大，出现中央大花周围小花的众星捧月样貌。这其中不仅有尊卑明示，还有节令的选择。满族女子所佩戴的头花组合主要有三种，鲜花、珠宝和发簪（图4-8）。

头花源于满族妇女的一种特殊习俗，为了使地处寒冷的花期延长，满族妇女就在头鬓插上一个精巧的小瓶，内装清水，插上一些鲜花，以示花鲜争艳，插饰鲜花便成为满族妇女的习俗。朴趾源在《热河日记》中记载，五旬以上，犹满鬓插花，金钏宝趖，年近七旬，满头插鲜花，甚至颠发尽秃，光赭如匏，仍寸鬓北指，犹满插花朵[1]。或是日渐衰老的慈禧可以不分长幼着力推动大拉翅流行的现实，使这种习俗无意中被发扬光大了，却成彰显富贵的定式。大花装饰在旗头的正中央称头正，分插在旗头两端的小花称压发花，压鬓花分布在两鬓。除小型鲜花以外，还用许多小绒花点缀，借用汉俗谐音吉语传统，"绒花"有"荣华"谐音，寓意富贵荣华。真花还应节令吉语，"立春戴绒春幡，清明日戴绒柳芽花，端阳日戴绒艾草，中秋日戴绒菊花，重阳日戴绒秋庚，冬至日戴葫芦绒花"[2]。最常见的头正大花是有放射性花瓣的牡丹、芍药花，这与萨满教俗有关。《萨满教与神话》载，"民间传说中固鲁（刺猬神）女神身上的光衫是由日月光芒织成，锋利尤比，可以使万魔失明。她曾化做一朵白芍药丹乌西哈（芍药花星星）变成千万条光箭射中九头恶魔眼睛，拯救天地，后世人们头上总喜戴花或在头鬓上插花，认为花可以惊退魔鬼"[3]。可见晚清推升大拉翅试图唤醒通过模仿在发鬓上戴花不仅荣华富贵、又祈福平安的祖俗，讽刺的是晚清大拉翅繁花富贵极尽奢华，却挽救不了清王朝盛极必衰的命运。

---

1 朴趾源：《热河日记》，上海书店出版社，1997。
2 孙彦贞：《清代女性服饰文化研究》，上海古籍出版社，2008，第74页。
3 富育光：《萨满教与神话》，辽宁大学出版社，1990，第2页。

两把头头花　　　　　　　　　　　大拉翅头花

图4-8　两把头和大拉翅头花
（来源：《晚清碎影：约翰·汤姆逊眼中的中国》；哈罗德·爱德华兹·派克藏）

晚清时西方外来文化的影响，为纺织业及手工业提供了工业产品和技术方面更多的选择，用于粉饰的手工花业得到了迅速发展，满族妇女将纸花堆饰在发鬓上成为时尚。当时一位在华多年的美国女教师形容说，这些花有的极为精妙，中国人制造的假花每一处细节都跟真花一模一样。《老北京的生活》记载："北京满族妇女的缎子两把头（大拉翅）盛行以后，头正偏花，制作精绝。"[1]北京旧花市的纸花业是采取分工合作的方式，花瓣、叶、花须各有专人负责。做叶子，需先用绢纸裱糊，剪成初具叶形的小块，尾端插入小细铁丝，然后砸叶筋整边。砸叶筋须有铅铸的大小不等各种叶模。模分上下两片，下片厚，叶筋凹入，上片薄，叶筋凸起，两片相合，叶筋条纹密合，砸叶筋时模须微热，将粗型花叶以铁丝对准下口，置于下片之上，盖上上片，用小木锤敲砸，叶筋即分明露出，剪齐外边，另将破边拔齐加糨糊按平，叶即做成。做花瓣相对叶子要简单一些，用单片绢或双层绢剪成花片再增湿塑型。花须是以纸绢糊制而成，内覆细铁丝。最后将花枝、叶把、须梃缠糊，粗的采用绿色棉纸，细的用丝绢[2]。晚清大拉翅的头正、压发花、压鬓花、绒花等像颗颗璀璨的明珠争奇斗艳，也从两把头真花走向大拉翅绢花的娇饰繁荣，不过是一个没落王朝空虚内心的真实反映（图4-9）。

---

1 金受申：《老北京的生活》，北京出版社，1989，第357页。
2 同上书，第358页。

图4-9 大拉翅繁华富贵的头花用到极致
（来源：《故宫藏影西洋镜里的宫廷人物》）

　　大拉翅头花众星捧月，除了压发花、压鬓花，还有各色的簪类头饰。簪、钗、步摇和耳挖（簪）是满族妇女装饰发髻有代表性的饰物，尤其是耳挖簪凸显满俗特色。耳挖本就传递着生动的满族历史印记，首先是漫长冬闲的生活细节，其次是男主外女主内的妇俗首衣文化的缩影。从耳挖到耳挖簪实属从快感到灵感的物化证据，因为后者已完全失去原有的功能。耳挖簪由簪首和簪挺两个部分组成，通簪多以金、银等名贵金属制成。其中又有大耳挖簪和小耳挖簪，簪首有龙头、凤头、花头等各种形状，常在簪首镶饰珠翠、玛瑙、珊瑚等宝石。石饰习俗本就具有游牧传统。"满族所佩戴的石饰文化具有悠久的历史，早在初民时期，外出打猎的猎人常在腰带上燧石以便取火煮食。"[1]早期被视为萨满神物的腰铃也是用石制成。石饰选料品种繁多，有燧石、板岩、石英、水晶和各色玉髓、碧玉、玛瑙、松花石等。满族石饰习俗一方面受当地矿岩影响，另一方面与萨满教的灵石崇拜观念有关。在萨满教的自然崇拜中，卓禄玛法（卓禄玛法为石神名）是神帝，额姆是火神，萨满教格外崇拜火神。在神话传说中，火神额姆把自己身上的火光毛发变成星星，给人类照明，自己变得赤身裸体住进石头里，所以石头是火神的栖息之所。在满人看来，燧石被制成取火石佩戴在腰间的习俗，不仅仅是取火工具，更重要的是有护身符在身。因此在满族的民族信仰中，石俗有着辟邪、祈平安的寓意，这与头正芍药花幻

1　王宏刚、富育光：《满族风俗志》，中央民族学院出版社，1991，第16页。

化成千万条光箭射中九头恶魔眼睛，拯救天地有异曲同工之妙。清朝入关后满俗与中原玉文化的结合，使灵石火神又赋予了更多宗法的精神内涵。因此，头花簪饰的衍生过程亦可谓满俗汉制的物化表现（图4-10）。

图4-10　点翠花丝宝石金耳挖簪
（来源：王金华藏，故宫博物院藏）

五、燕尾

旗人出身的北京民俗专家金受申[1]先生谈及两把头时说，两把头有三种分别，第一为真发两把头，第二是盘假发两把头，第三是缎子两把头。这句话概括了满族妇女两把头是由真发梳髻到光绪架子头的假发形制，再到青素缎旗头大拉翅的演变过程。梳两把头时把头发束在头顶，从中间分成两绺结成髻双翅和发箍，再将脑后余发分开，梳成两个发鬓垂于脑后，呈燕尾型，又叫燕人头。后来由于假发流行，演变成独立的燕尾头饰，成为与大拉翅组配的一种发鬓装饰物，其形状如燕尾而得名。《清宫词》"凤髻盘出两道齐，珠光钗影护蜻蜓，城中何止高于尺，叉子平分燕尾底"[2]，就是对这种发式的真实描写。从两把头的真发燕尾到大拉翅的假发燕尾，在《清代满族风情》中也有相关的记述，早在同治时期，先是梳两把头，因颈后部分平拢无所设施，系将颈后发拽下适度分寸，下成两支，形如燕尾，并以线缝合和不松散，后因有人颈后有一发旋，使燕尾窄小细碎不能耸起，于是另创一种方式，从头顶分发做丁字线，前后两握，左右围头座，后发一握专用燕尾一部，既多且长，晚清时期在市肆上有人专卖用假发或马尾做的假燕尾头[3]。这些记述，通过影像史料和对收藏家提供的标本研究也得到了证实。燕尾头饰主要用粗铁丝、发辫、假发片、针线和黑绒布条制作，以铁丝掫成燕尾为内胎，上面缠绕假发或马尾，用黑绒布条将左右两片扇面状燕尾捆绑、缝纫而成，外观呈上窄下宽，长度可到衣领。燕尾的存废和形状大小也是表示主人身份与地位的标志，或是一种高贵的戒牒，因此在满俗传统中，满族女子甚至睡觉时也不解发燕尾。在社交上它还有一种特殊的功能，在佩戴燕尾时必须压在后颈领上，这种鬓发便无形中限制了脖颈的扭动，而显文雅高贵之态。可见大拉翅组配燕尾又是满族妇女重要的社交道具（图4-11）。

---

1 金受申（1906—1968），曲艺史家，民间文艺家，民俗学家。原名文佩，后改名为文需，字泽生，满族，完颜氏。
2 吴士鉴：《清宫词》，北京出版社，1986。
3 韩耀旗、林乾：《清代满族风情》，吉林文史出版社，1990，第60页。

侧面　　　　　　正面　　　　　　背面

真发燕尾（架子头）　　　　　　　　　　　　假发燕尾（大拉翅）

图4-11 架子头和大拉翅的真假发燕尾
（来源：《清王朝的最后十年：拉里贝的实景记录》，何志华藏）

六、结语

　　对大拉翅形制要素的梳理，表现出从清初期两把头的满俗到晚清大拉翅满汉文化融合的发展历程。其中重要元素的扁方是大拉翅非富即贵的标志性组配，与汉俗扁簪不仅有相似的形制，其纹样系统亦呈现出满汉同源异流的特征。旗头的装饰由早期的右丰左寡到清末旗头板越来越大，出现了头正和压发花、压鬓花、绒花、簪饰众星捧月的样貌。这其中不仅有儒统教化的明示，还有节令祈富的农耕吉语，无疑提供了牧农文明交流的历史细节。旒穗的形式不仅承载着满族古老的萨满遗风，它的"双尊单卑，右尊左卑，有尊无卑"的尊卑表达，还成为满汉妇俗的范式，成为国戏京剧贵族妇女的行头之一。在晚清粉饰太平日盛的影响下，大拉翅造型经历了从小到大、从简到繁的衍化过程，慈禧太后便成为推手。许地山先生说："清末的大拉翅，大概在咸丰以前是没有的……形式的程序，是从矮到高，从小到大。一直到民国七八年算是大拉翅的全盛和消灭年代。"[1]其繁花富贵极尽奢华渐成女权的标签而乱制现象严重。这种大拉翅从两把头到旗头板，从平素到奢华的饰配风尚，成为晚清粉饰每况愈下清王朝的生动实证。清末民初的男女平权思潮，用剪发以示拥护共和的大势，使大拉翅灰飞烟灭。大拉翅的命运也因为与慈禧太后关联紧密（慈禧容像标志之一）而影响到学术研究。然而，当这个潘多拉盒子一旦打开，却为我们提供了对这段历史全新的认知和启迪。

---

1 许地山：《许地山散文集》，北方文艺出版社，2019，第318页。

第五章

大拉翅标本研究

在对满族古典服饰研究中，满人作为清朝的统治者，有关满族服饰的文献、图像和实物史料都比较丰富，研究成果也很多。但对满族女子的发式特别是具有代表性的大拉翅研究并不多见，造成谜团重生也并未得到学术界重视。一般研究是通过博物馆的实物调察、访谈、口述等，也只能对发式的外部造型和民俗得到初步了解，却无法获得准确的技术答案和更深刻的历史信息。更大的问题是，大拉翅作为满族妇女便服头饰是不会列入清定制典章官方文献的，在主流博物馆中也不会作为重要文物被收藏和展陈，因此民间收藏的实物研究成为关键。清代服饰收藏家王金华和王小潇先生提供了成系统的大拉翅标本，为其深入研究成为可能。重要的是制定专业化的研究方案，对大拉翅标本的旗头板、旗头座、发架结构及其饰物进行了全面而深入的信息采集、测绘和复原。发现大拉翅的旗头板是通过多边形裁片折布成器制成，利用发架数据形成裁片的高度、宽度尺寸区分旗头板形态，并与不同形制的扁方组合成标配。旗头座是由三个不同大小的梯形裁片构成。发架是通过铁丝点焊、盘绕等工艺形成冠型骨架结构。在此基础上进行了客观的工艺数据和结构形态的复原，首次呈现了大拉翅完整的结构样貌。结合史料研究显示，大拉翅不仅袭承着满俗传统，还是满汉文化交流在晚清女子发式中生动而真实的物化呈现。

一、石青头正点翠大拉翅测绘与结构复原

1.石青头正点翠大拉翅形制饰配

石青头正点翠大拉翅是收藏家王金华先生的收藏，标本形制为旗头板与旗头座齐平，是清晚期最具代表性的样本。旗头板裼褶的折叠方式是模仿两把头缠头方式发展而来，从标本的外观上看是一个呈扇状中空硬壳的冠，旗头座是根据使用者发鬓大小做成的头箍。标本内撑是用铁丝做成骨架，表面用制成相适应的青绒裼褶围裹制胎，青绒按两把头形式包覆，收拢后末端以红绳系之折于后部隐藏。装饰物分布在旗头板的中央、两侧和旗头座的前端，旗头板头正牡丹花和两翼的凤凰、绶带鸟为点翠工艺，压发花是头正两边的绢花牡丹，两翼的凤凰纹饰为压鬓花。凤凰是百鸟之王，牡丹系百花之王，两王相戏有"百鸟朝贺，万物繁荣"的美好寓意。旗头座和头正花饰是银点翠的珊瑚和牡丹，并各有碧玺点缀，"碧玺"与"辟邪"谐音，有平安之意，这些皆源于汉俗。旗头板右下角饰有绢制牡丹花蕾系红色垂穗。组配錾刻精致吉祥花卉的金扁方。这些信息足以说明标本的来历非富既贵（图5-1）。

正视　　　　　　　　　　　正视

背视　　　　　　　　　　　背视

扁方

图5-1　石青头正点翠大拉翅形制饰配
（来源：王金华藏）

2.石青头正点翠大拉翅旗头板、旗头座测绘与结构复原

通过对标本结构的测绘与复原的结果看，呈旗头板、旗头座和发架三个基本构件。旗头板裁成类似于现代领带形状左右对称的裁片，源于两把头缠发原理，分别折成a、b、c和a'、b'、c'三个区域。旗头座由裁成的座身和座箍组成。发架用铁丝撅成翅冠型。标本工艺过程主要表现为从缠发技艺到折布成器的技术转变。旗头板由于不是对称折叠，左右片大小并不完全一致。旗头板面布均有里料，与面料采用同一材质的青绒缎，制作时分别在里料和面料背面涂抹糨糊，在它们之间覆上袼褙以增加旗头板的硬挺度。旗头座的座身和座箍裁片无里料，用面料直接与对应的铁丝骨架进行缝合，采用立针缝和锁边缝结合针法成型。通过标本骨架的复原结果，结合旗头板和旗头座结构，可以透视该标本的构造关系（图5-2）。

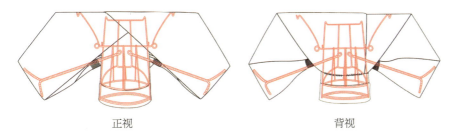

正视　　　　　　　　　　　　背视

图5-2　石青头正点翠大拉翅结构透视图

旗头板通过标本测绘复原出右片B，依据折痕确定由a、b、c三个不同大小的四边形组成的多边形。a区域为右旗头板的后左部分，b为前右翅部分，c为内侧部分。旗头板的左片A同右片B一样都是由三个不同大小的四边形组成的多边形，记为a'、b'、c'区域。B和A片纱向线与I、I'平行，说明旗头板左右片都是利用斜丝裁剪（表5-1）。根据大拉翅形制和制作工艺的需求，旗头板的左右两片在裁剪时通常会有数据偏差存在，通过对大拉翅旗头板结构基本信息采集和复原，并对其形制和要素进行综合分析，发现旗头板的左右裁片在结构上基本一致，只是通过旗头板的高度、宽度来区分左右裁片。由测绘数据可得，旗头板的右片高度大于左片高度2.4cm，左片的宽度大于右片2.9cm。面料左右片作缝1cm，里料左右片作缝0.7cm（图5-3）。

表5-1　石青头正点翠大拉翅旗头板结构数据采集

单位：cm

部位	高度	宽度	n'（n)	I'（I)	m'（m)
A左片	41.6	41.7	11.5	18.1	9.4
B右片	44	38.8	10.5	19.8	9.8

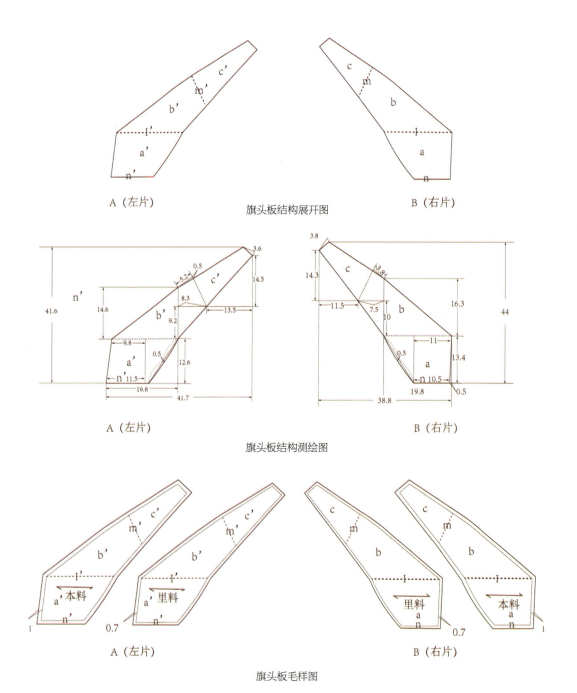

A（左片）　　　　　旗头板结构展开图　　　　　B（右片）

A（左片）　　　　　旗头板结构测绘图　　　　　B（右片）

A（左片）　　　　　旗头板毛样图　　　　　B（右片）

图5-3　石青头正点翠大拉翅旗头板测绘与结构复原

表5-2　石青头正点翠大拉翅旗头座结构数据采集

单位：cm

部位	上边长	下边长	高度
C（座身前）	9	17	11.8
D（座身后）	10	16.8	12
E（座箍）	33.8	35.4	3.5

　　旗头座用单层青绒缎包覆在骨架上，为了增加支撑硕大旗头板和缀满装饰物的强度，采用两幅座身和一幅座箍的组合结构，骨架也配合座身和座箍强化构造（表5-2）。座身的C、D片（前后片）和座箍的E片在制作时都要刮浆处理，E片底边与骨架缝合。座身C、D片均为梯形，采用锁边缝将C、D片左右斜边缝合在一起，用立针法将旗头板A、B片底边（n、n'）与D片在距离D片底边2.3cm处缝合。座箍E片是一个长梯形，且上边长度与座身C、D片底边之和相等（图5-4）。

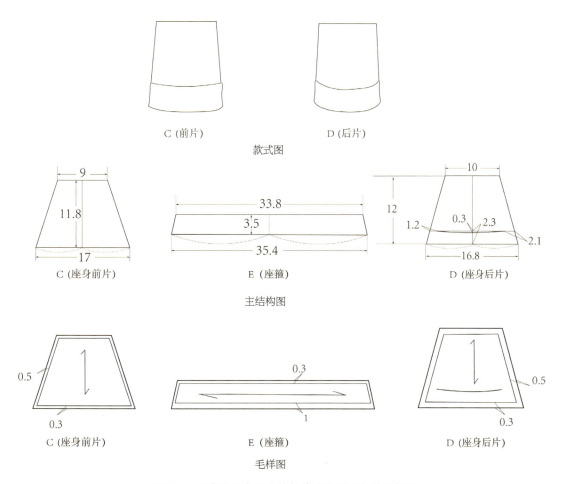

图5-4　石青头正点翠大拉翅旗头座测绘与结构复原

3.石青头正点翠大拉翅发架测绘与结构复原

《草珠一串》诗曰："头名架子太荒唐，脑后双垂一尺长。"诗下自注："近时妇女，以双架插发际，绾发如双角形，曰架子头。"[1]架子头是借助发架和假发成形，发架在用铁丝制作之前多为木质，形似横着的眼镜架但结构要比它复杂得多。通过大拉翅旗头板结构的研究发现，它是摹仿两把头形成的架子头结构（见图5-3）。因此架子头是针对发架说的，两板头是对着旗头板的称谓，都是指大拉翅。"头名架子太荒唐，脑后双垂一尺长"便是对架子头的生动写照。但真实的发架结构无献可考无人解密，更不可能有可靠的技术线索。因此，借助大拉翅标本的结构研究，或许就会复原发架结构破解谜团。

大拉翅的造型主要体现在内部结构的骨架上，石青头正点翠大拉翅的发架是由23根长短不一的铁丝通过焊接、盘绕撖制而成。为了增强旗头板的硬挺度，骨架上端有四个支撑点分别为h、i、j、k，两侧有两根支撑双翅的悬臂，它的形制正是从两把头的T型发钗演变而来，并与发架成为一体。骨架由下、中、上三个部分和两个悬臂组成。下部用9根铁丝撖成形似半球体扣碗状，底口是双环结构，间距3cm正是旗头座箍的宽度，两侧固定两根支架，高度为12cm，与双环的中部焊接。半球体顶部有上窄下宽高为10cm的倒置U型支架，与左右拱圈支架焊接。为了增强整体骨架的承受力，中间部分出三组八根铁丝撖成A字型支架，两侧长为9cm，中间长为9.5cm，通过点焊与下部分圆口上环线相连，上端分别与横支架焊接，横支架宽为15cm，两端呈环绕向上翘起的展臂，展臂长8cm，高为6.5cm，两展臂顶端跨度为20.5cm。上部采用梯形结构，与下部扣碗形两侧支架焊接，上端左右转角撖成两个1cm的凸角支点。左右两侧悬臂对旗头板两翅起支撑作用，故悬臂制成绳状T型支架，在骨架中部通过布条捆绑固定。下部扣碗双环铁丝之间，用细铁丝撖成网状，以适应旗头座箍用布加工。从整体发架三视图观察，成型后的大拉翅正冠呈左右对称，侧冠旗头板明显向后倾斜。如此首次对石青头正点翠大拉翅发架的结构测绘与复原，其本身就具有重要的文献价值，更是对满族妇女首衣文化从两把头

---

1 得舆：《草珠一串》，北京燕山出版社，1962。

到大拉翅的发展演变，从发俗到衣冠制度的认识提供了真实生动的物化依据（图5-5）。

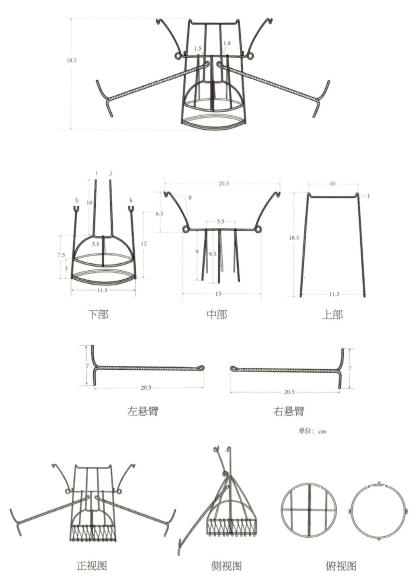

下部　　　中部　　　上部

左悬臂　　　右悬臂

单位：cm

正视图　　　侧视图　　　俯视图

图5-5　石青头正点翠大拉翅发架测绘与结构复原

二、银点翠头正大拉翅测绘与结构复原

1. 银点翠头正大拉翅形制饰配

银点翠头正大拉翅是收藏家王金华先生的藏品，它与石青头正点翠大拉翅相同，是晚清代表性样本之一。其结构形制也表现出典型特征，头正、压发花、压鬓花、扁方、流苏等应有尽有，不同的是饰配手法独具匠心。标本的装饰物分布在旗头板的中央、两侧和旗头座的周围。旗头板头正花凤组合纹和两侧的压鬓花云纹都采用银点翠工艺。旗头板左上方压发花为牡丹绢花，右上方压发花为众星捧月银点翠蝶纹。左右压鬓花为银点翠云纹和片金绣片的组合纹。最具特点的是旗头座籥是用满绣的芍药花卉纹绣片包覆。旗头板右下方饰珍珠串红丝线垂穗。装配錾刻吉祥花草纹银扁方。值得注意的是，从表面饰配的情况看，银点翠头正大拉翅比石青头正点翠大拉翅要富贵许多，但它的银扁方又低于后者的金扁方。这其中有两个玄机。一是扁方和大拉翅不是原配，有张冠李戴之嫌，这种可能性是有的。因为无论是主流的博物馆还是民间收藏，头冠和发饰都是分开收藏、展示（交易也是如此），这就严重破坏了规制信息的客观性。二是两个标本大拉翅和扁方组配如果是真实的话，这就意味着富贵的表达并非表现在外观上，用看不到的金扁方以示内心的修养更重要，这很有些慎独[1]的儒家修养。这就需要挖掘内在结构更多的制度信息（图5-6）。

2. 银点翠头正大拉翅旗头板、旗头座测绘与结构复原

通过对标本结构的测绘与复原的透视图观察，与石青头正点翠大拉翅标本相似（见图5-2），说明它们是同一时期的作品。然而特别需要注意的是，前者更讲究内在发架的结构和工艺，它不仅表现在骨架结构的繁复上，从两把头悬臂的形制和工艺来看，前者更精致，且更接近两把头T型发钗的样貌，而后者变成了通臂L型，也应验了后者更强调外在装饰的判断，或许银点翠头正大拉翅的时期稍晚（图5-7）。

依据前述标本结构测绘与复原的研究经验，获取银点翠头正大拉翅结构和相关数据信息，对于总结这个时期大拉翅的形制规律和建立其结构图谱具有重要作用和文献价值（表5-3、图5-8）。

---

1 慎独，意为在闲居独处中谨慎不苟，在无人监督之时，更须谨慎从事，自觉遵守各种道德准则。出自《中庸》。

正视　　　　　　　　　　　背视

正视　　　　　　　　　　　背视

扁方

图5-6　银点翠头正大拉翅形制饰配
（来源：王金华藏）

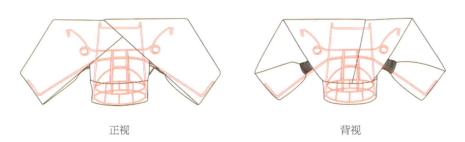

正视　　　　　　　　　　　背视

图5-7　银点翠头正大拉翅结构透视图

表5-3　银点翠头正大拉翅旗头板结构数据采集

单位：cm

部位	高度	宽度	n'（n）	I'（I）	m'（m）
A左片	44.4	42.3	9.6	19.6	9.1
B右片	43.3	42	7.6	19.5	9.1

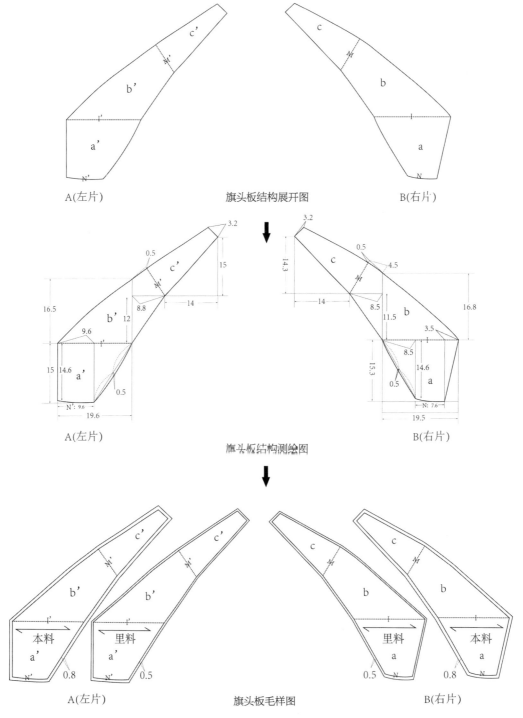

图5-8 银点翠头正大拉翅旗头板测绘与结构复原

表5-4　银点翠头正大拉翅旗头座结构数据采集

单位：cm

部位	上边长	下边长	高度
C（座身前）	12.2	19.8	12
D（座身后）	12.4	20.4	12.5
E（座箍）	40.2	40.2	4

　　旗头座用单层青绒缎包覆在对应的骨架上，为了支撑旗头繁复的装饰物，采用前后两幅座身和一副座箍青绒缎的组合结构，并配合座身和座箍复合结构作强化刮浆处理（表5-4、图5-9）。

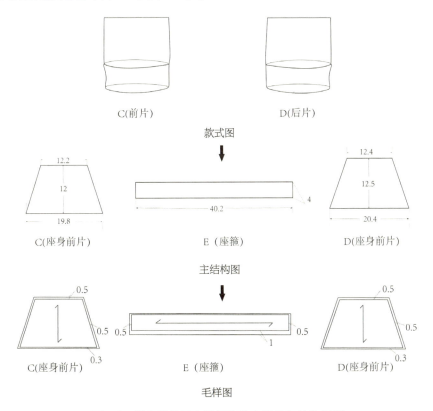

图5-9　银点翠头正大拉翅旗头座测绘与结构复原

3. 银点翠头正大拉翅发架测绘与结构复原

　　从银点翠头正大拉翅发架结构测绘与复原的情况来看，总体上比石青头正点翠大拉翅发架趋于简化（见图5-5），中部两边翘起的展臂不够高，应超出顶部的横支架才能对旗头板起支撑作用，这说明展臂的作用名存实亡，只靠袼褙自身的硬挺度，至少可以认为不够讲究。最大的改变是，支撑两翼翅板的悬臂，从双股铁丝搋制的T型分制悬臂，变成了单股铁丝搋制的L型通制悬臂，意味着该标本整体发架的用料和工艺要退化很多。这也证实了晚清的大拉翅更注重娇饰的事实（图5-10）。

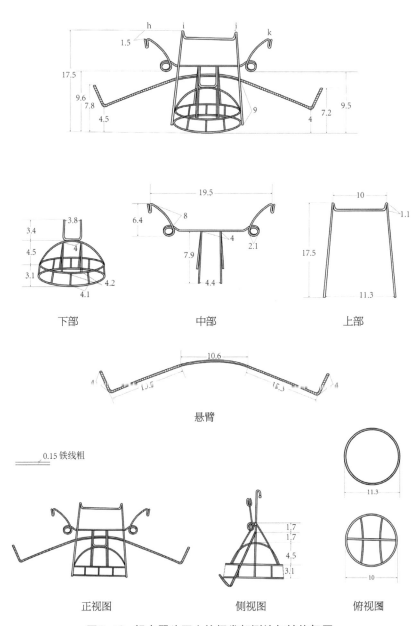

下部　　　　　　中部　　　　　　上部

悬臂

0.15 铁线粗

正视图　　　　　　侧视图　　　　　　俯视图

图5-10　银点翠头正大拉翅发架测绘与结构复原

三、牡丹纹银点翠大拉翅测绘与结构复原

1.牡丹纹银点翠大拉翅形制饰配

牡丹纹银点翠大拉翅也是王金华先生的收藏。通过对其形制结构的系统研究，它与之前的石青头正点翠大拉翅和银点翠头正大拉翅两个标本虽然属同一时期，但还是有前后差别，从结构、工艺到装饰手法也证明了这一点。值得研究的就是它们细节处理的微妙差别，特别是在发架的结构上该标本是三者最简化的一种，其中骨架压缩成上下两部分，中部的展臂几乎成了摆设。在饰配上汉化的表现更加明显。旗头板头正芍药花和两侧的蝈蝈、鲤鱼跳龙门纹样均为点翠工艺，它与压发花的绢花牡丹组合充满着汉族风尚。牡丹是百花之王意在富贵，芍药花在萨满教中具有祈祷平安的传统民俗，两花相伴具有平安富贵的美好寓意；鲤鱼跳龙门是作为跃升腾达的祝福吉语；蝈蝈被视为兴旺的吉祥物。这些装饰含义都源于汉俗，显然这些强化满俗的汉族文化，是晚清服饰的一大特点。具有代表性的大拉翅的表现就是，牡丹绢花成为大拉翅的标志物，该标本就具有从小绢花牡丹到大绢花牡丹过渡的特征（图5-11）。

正视　　　　　　　　　　　背视

正视　　　　　　　　　　　背视

扁方

图5-11　牡丹纹银点翠大拉翅形制饰配
（来源：王金华藏）

2.牡丹纹银点翠大拉翅旗头板、旗头座测绘与结构复原

通过对标本结构的测绘与复原的结果看，发架的简化趋势明显，中部展臂进一步缩小，已经失去应有的作用，只靠增加旗头板袼褙的厚度和硬度支撑。因此到末期有假发盔大拉翅的发架，展臂就完全消失了（见本章"四、芍药绢花假发盔大拉翅测绘与结构复原"）。由此可以判断，该标本是假发盔大拉翅产生之前的状态（图5-12）。

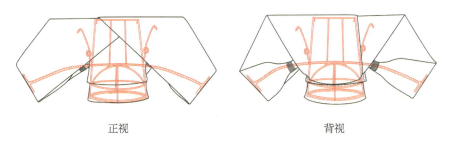

正视　　　　　　　　　　　　背视

图5-12　牡丹纹银点翠大拉翅结构透视图

该标本旗头板通过测绘复原的结构没有发生改变，是因为大拉翅从定型到消亡，只是从小到大的变化和有无假发盔的区别。因此大拉翅旗头板的结构形制是最忠实继承两把头满俗基因的，从这个意义上讲确有满族服饰活化石的意义（表5-5、图5-13）。

旗头座结构也是如此，都是由座身和座箍复合而成，只是不同的对象尺寸不同（表5-6、图5-14）。

表5-5　牡丹纹银点翠大拉翅旗头板结构数据采集

单位：cm

部位	高度	宽度	n'（n）	l'（l）	m'（m）
A左片	43.66	42.8	12.8	21.5	9.7
B右片	42.3	41.3	11.3	19.8	9.4

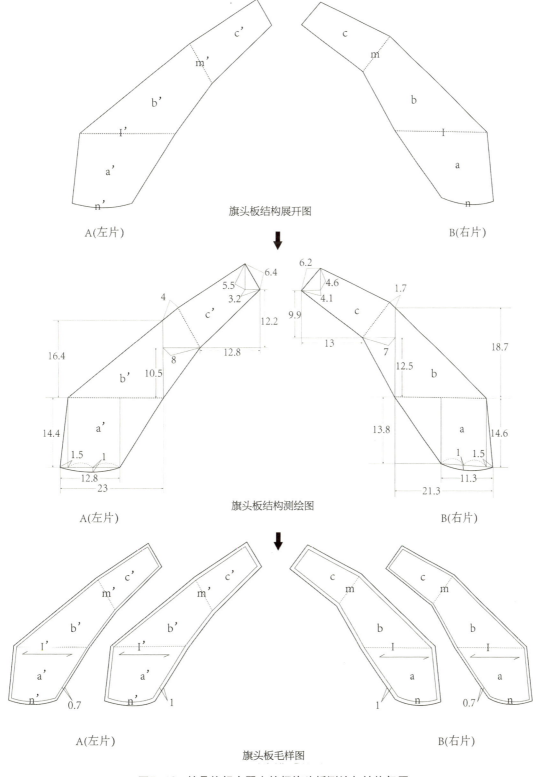

旗头板结构展开图

A(左片)   B(右片)

旗头板结构测绘图

A(左片)   B(右片)

旗头板毛样图

A(左片)   B(右片)

图5-13 牡丹纹银点翠大拉翅旗头板测绘与结构复原

表5-6 牡丹纹银点翠大拉翅旗头座结构数据采集

单位: cm

部位	上边长	下边长	高度
C（座身前）	8.8	19.6	14
D（座身后）	9	18.8	14
E（座箍）	38.4	42.2	3.6

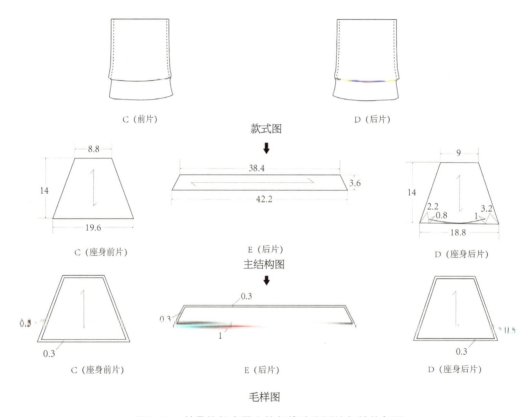

图5-14 牡丹纹银点翠大拉翅旗头座测绘与结构复原

3.牡丹纹银点翠大拉翅发架测绘与结构复原

牡丹纹银点翠大拉翅发架省略的部分，是中部支撑展臂的支架。由于展臂被压缩得很小，就直接被焊在梯型支架中间，因此，它只有上下两部分和悬臂。悬臂虽然是T字头，但单股铁丝撖制和微缩的T字头与初始的发架相比更显单薄（图5-15）。

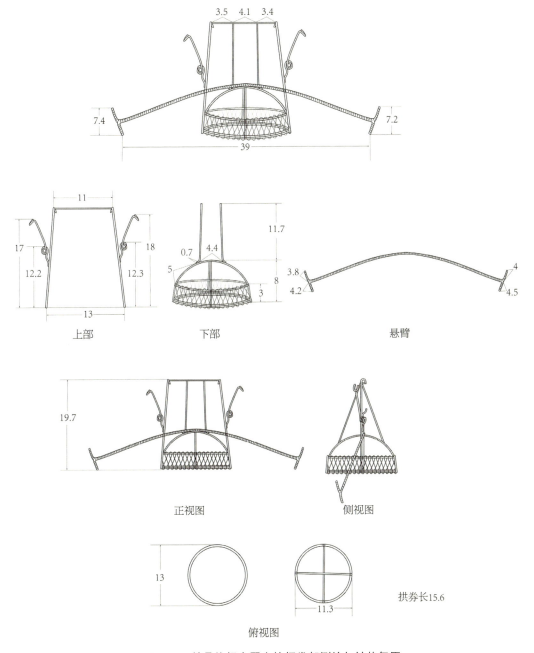

3.5 4.1 3.4

7.4   39   7.2

11   11.7

17   18   0.7 4.4   3.8   4
12.2   12.3   5   8   4.2   4.5
                                      3

13

上部   下部   悬臂

19.7

正视图   侧视图

13   拱券长15.6

11.3

俯视图

图5-15 牡丹纹银点翠大拉翅发架测绘与结构复原

四、芍药绢花假发盔大拉翅测绘与结构复原

1. 芍药绢花假发盔大拉翅形制饰配

芍药绢花假发盔大拉翅是收藏家王小潇先生的藏品，该标本形制与早期大拉翅最大的不同，是旗头板下角明显低于旗头座，是晚清末期代表性的样本。从藏品外观上看，标本由上旗头板、中旗头座和下假发盔三个部分构成，内部是用铁丝制成的骨架。上部旗头板，由袼褙制胎，外部用青绒缎包覆，按两把头顺序折叠，尾端收拢以红绳打结。中部旗头座，用青绒缎和数纱绣[1]绣片围裹。下部是根据佩戴者头围尺寸制作的假发盔。标本的装饰物在旗头板中分布着标准的头正和压发花，没有任何发簪头饰。头正为粉色芍药花，压发花为白色芍药花。白芍药花装饰是典型的满俗，称"女真白"。大拉翅上佩戴白芍药花是尊贵的象征，也是一种女神在世的标签。在满族神话传说《天宫大战》中，天神被恶魔所抓，天鸟地兽相继死亡。在千钧一发时刻，依尔哈女神（满族民间神话中的花神）化作一朵朵芳香四溢洁白的白芍药花。当恶魔们争抢着摘白芍药花时，花朵突然变成千万条光箭，射向恶魔的眼睛，恶魔痛得满地打滚，逃回了洞穴。因此满族人无论戴花、插花、贴窗花都喜欢白芍药花[2]。可见芍药花在满俗中有护身符的意味。旗头板两侧压发花，左侧为白玫瑰花，右侧为栀子花，因其有强烈的香气，既可观赏也可入药，有美好的寓意。旗头座箍的数纱绣绣片渗透着汉族传统的满俗新风尚，彻底改变了珠串盘缠纹发带的两把头座箍的传统。旗头板顶端组配的镂空牡丹纹铜片扁方也是不多见的饰物，且与骨架成为一体。因为传统扁方通常用铜板刻纹，不会用铜片，这样更有利于錾刻，镂空刻只在局部进行。而标本的铜片扁方，不仅薄而且采用全镂空工艺。这可能与减轻重量有关，但更大的可能是晚清末期社会动荡、物资匮乏，作为统治者的旧贵族内心已无力支持还需要硬挺门面的物化表现（图5-16）。

---

1 数纱绣，中国传统的刺绣方法。其特点是构图对称均匀，纹样亮丽。其图案按几何学上的对称性排列，每一次下针，都要精确地数清楚纱布的经纬线，以保证图案准确无误，形状规整。
2 张振江、张晓光：《萨满神话图说》，天津人民美术出版社，2008。

正视 背视

正视 背视

图5-16 芍药绢花假发盔大拉翅形制饰配

（来源：王小潇藏）

2.芍药绢花假发盔大拉翅旗头板、旗头座、假发盔测绘与结构复原

该标本最大的结构特点是在旗头板、旗头座、发架的基础之上增加了假发盔，正因如此，形成晚清大拉翅有无假发盔的两大形制。有假发盔的旗头板会更大，两翅下垂，这些特点也标志着大拉翅从最后的辉煌走到了寿终正寝，但它两把头的结构形制并没有根本改变。该旗头板按两把头原理裁剪，也由a、b、c三个区域组成；旗头座由座身和座箍组成；发架用不同粗细的铁丝撖成翅冠型；假发盔由马尾编织而成。旗头板材料采用面里相同的青绒缎，制作时分别在里料和面料背面涂抹糨糊，在面料与里料之间覆上袼褙以增加旗头板的硬挺度。由于旗头板尺寸偏大，采取的措施是增加袼褙厚度，而不是改善骨架结构，因此该标本的发架比早期小旗头板大拉翅（见图5-2）的反而简单（图5-17）。

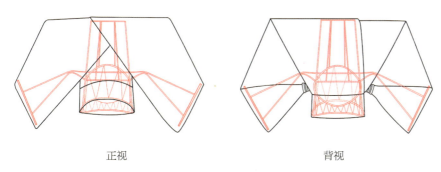

正视 背视

图5-17 芍药绢花假发盔大拉翅结构透视图

旗头板通过标本测绘复原出左片A，依据折痕显示A片由三个不同大小的四边形组成的多边形裁片，分别为a′、b′、c′三个区域。a′区域为左片旗头板的后左部分，b′为前左翅部分，c′为内侧部分，底边显示的n′与座箍相缝合，I′为a′区域与b′区域的翻折线，m′为b′区域与c′区域的翻折线。旗头板的右片B同左片A一样都是由三个不同大小的四边形组成的多边形裁片，记为a、b、c区域，底边n与座箍相缝合，a区域与b区域的翻折线为I，b区域与c区域的翻折线为m。旗头板左右片（A、B）纱向与I、I′平行，意味着它们都是利用斜丝裁剪方法。对比之前大拉翅标本旗头板的裁剪方法，没有任何改变，这是否在暗示对祖先两把头仪规的坚守（表5-7）。旗头板的左右裁片在结构上基本一致，只是在高度和宽度上存在技术差异。由测绘数据可得，面料左右片作缝1cm，里料左右片作缝0.7cm（图5-18）。

表5-7 芍药绢花假发盔大拉翅旗头板结构数据采集

单位：cm

部位	高度	宽度	n′（n）	I′（I）	m′（m）
A左片	51.4	47.4	14	20	12.8
B右片	53.1	45.6	13.5	19.8	13

旗头座是前片座身和一副座箍的组合结构，座身采用单层青绒缎覆在骨架上，座箍采用数纱绣绣片缚在座身青绒缎上。为了支撑硕大旗头板和装饰物的重量，发架配合座身和座箍采用固网构造，同时座身的C片和座箍E片在制作时都要作刮浆处理，座身C片与座箍E片均为梯形，它们采用锁边缝缝合。假发盔呈半球型，上下各有一个圆形接口，上口与骨架、座身的底口同时缝合，E片（座箍）缚在表面，底边采用平针缝合，假发盔下口是根据使用者头围确定的可调节系带装置（表5-8、图5-19）。

假发盔的立体造型为贴合头型用马尾织的半球体，上边的小圆口与发架、旗头座缝合，下边的大圆口用密集的编结封口，并留有开缝，通过连接可调节的细带固定在头部（图5-20）。

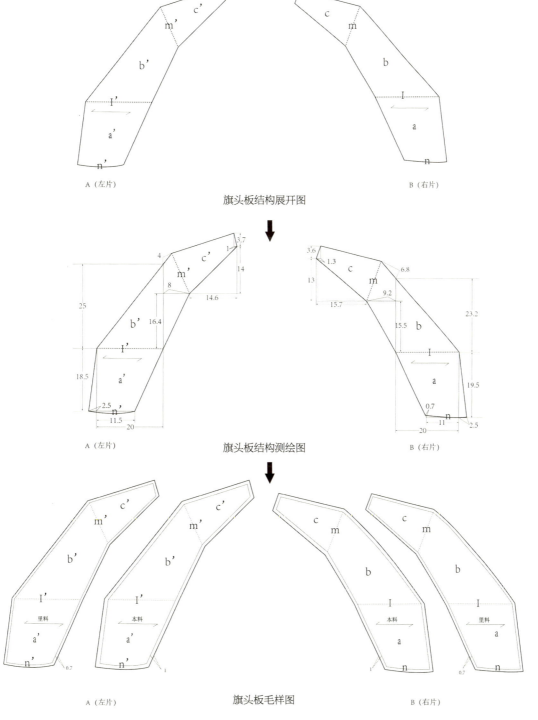

旗头板结构展开图

A（左片）   B（右片）

旗头板结构测绘图

A（左片）   B（右片）

旗头板毛样图

A（左片）   B（右片）

图5-18 芍药绢花假发盔大拉翅旗头板测绘与结构复原

表5-8　芍药绢花假发盔大拉翅旗头座结构数据采集

单位：cm

部位	上边长	下边长	高度
C（座身前）	10	18	15.5
E（座箍）	38	34	6.5

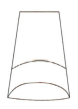

C（前片）

款式图

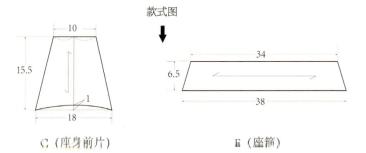

C（座身前片）　　　　E（座箍）

主结构图

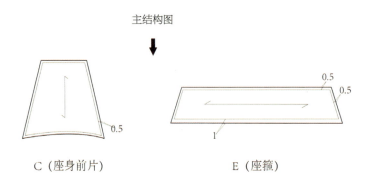

C（座身前片）　　　　E（座箍）

毛样图

图5-19　芍药绢花假发盔大拉翅旗头座测绘与结构复原

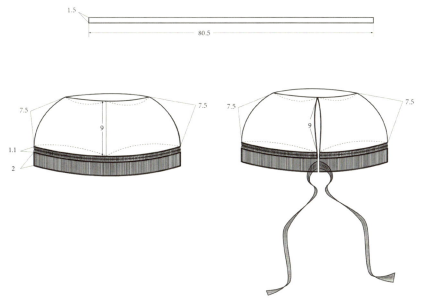

图5-20 假发盔测绘与复原

3.芍药绢花假发盔大拉翅发架测绘与结构复原

从标本的测绘与结构复原来看，发架结构由多根长短不一的铁丝通过盘绕、撼制和点焊工艺完成。发架由上下两个部分和悬臂组成。下部为椭圆形基座，基座由两个椭圆环呈不同的角度摆放，双环之间由细铁丝盘绕成M形网状连接。双环大小根据使用者的发箍尺寸撼制而成，环口直径约为11.5cm，双环近端间距为3cm，远端间距为13cm，并在M形缠绕的结点以点焊固定。为了增强整体发架的承受力，前后中间由前两长后两短四根铁丝支撑，前两长铁丝长为19.5cm，后两短铁丝为12.5cm，通过点焊将前两侧铁丝下端与悬臂相连，后两侧铁丝与下部圆口上环线相连，四根铁丝上端会合丙与横支架焊接成A字型。上部梯形结构两侧铁丝分别与双环焊接。发架上下结合部由横向贯穿旗头板的悬臂支撑，悬臂制成T型对称支架。由于旗头板两翅增大并下垂，采用T型双悬臂，臂长为15cm，宽为13cm,整个悬臂也利用双臂结构与骨架两侧焊接。由此，此种发架也推升了大拉翅的旗头板进入暮年达到了顶峰（图5-21）。

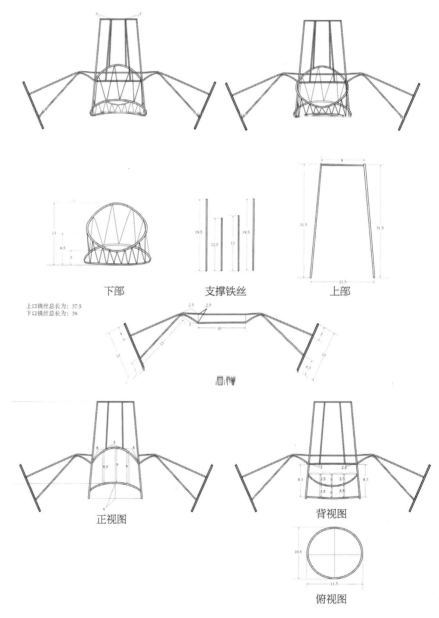

下部 支撑铁丝 上部

上口铁丝总长为：37.5
下口铁丝总长为：39

正视图 背视图

俯视图

图5-21 芍药绢花假发盔大拉翅发架测绘与结构复原

五、结语

  通过对成系统大拉翅标本进行的信息采集、测绘和结构复原，得以真实呈现在不同时期具有代表性大拉翅的完整信息，无疑这具有重要的文献和史料价值。通过不同标本的形制、结构、饰配等因素的比较研究，不难发现晚清大拉翅从定形、发展到全盛的形态轨迹。内部发架结构从繁到简，外部旗头形制从小到大，饰配从精致到繁复，基本上描绘出大拉翅由族俗到娇饰的图谱。然而这种娇饰并非一无是处，从文化的意义上审视，构成它的要素虽然都失去了原有的作用，但都以另外一种形式保留着，这就是两把头满族基因，却赋予了两把头完全不能比拟的文化符号，且风光无限。讽刺的是，它的辉煌也正是清王朝由盛转衰敲响暮钟的时刻，最终辛亥革命使其寿终正寝，也将大拉翅一起送进了历史。因此，大拉翅既是一个时代的文化符号，又是将一个时代终结的生动实证（图5-22）。

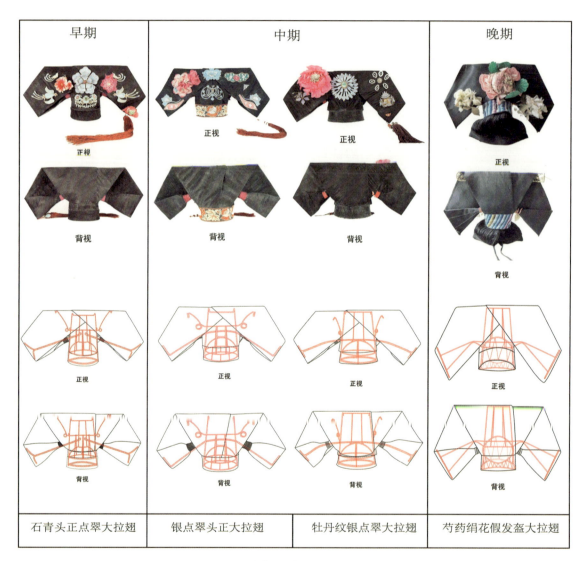

早期	中期	晚期
正视 背视 正视 背视	正视　　　正视 背视　　　背视 正视　　　正视 背视　　　背视	正视 背视 正视 背视
石青头正点翠大拉翅	银点翠头正大拉翅　　牡丹纹银点翠大拉翅	芍药绢花假发盔大拉翅

图5-22　晚清大拉翅的形制结构图谱

第六章

结　论

清入关后，满汉文化的交往、交流、交融,经过分分合合，最终以满俗汉制呈现清代最后一个帝制王朝的物质文化，大拉翅就是这个时代妇女生活化的标志性符号。

　　满族女子发式的多变性是在清入关后与汉文化结合形成的，发式不同阶段的形态记录着满族女子人生的不同阶段、孩童与成年时期、婚前与婚后的发式存在着较大变化，这些具有普世的民族性，满族也不例外，只是表现方式不同。满族女子幼年时期发式为髡发，待嫁时蓄发留辫，婚后开始绾两把头（后来的大拉翅）。成年女性从两把头到大拉翅就是不同历史时期的见证，然而所呈现出来的发冠风格满俗基因贯穿始终。在造型上，早期发式为两把头，以真发梳就，发束于头顶，分为两绺，呈两把横髻，这就是两把头的来历。两把头从嘉道咸延续了三朝，到同治中兴由以往旧式的真发两把头逐渐演变成为如牌楼般的架子头，发架的运用使假发盘髻的旗头开始流行，发鬃依托旗头板朝着头顶和两翼扩展，旗头板的面积也越来越大，形似展翅的雄鹰以唤醒满蒙同源的图腾，这就是架子头的来历，也为大拉翅的诞生提供了条件。大拉翅的出现是以慈禧推动为标志的，面料叠板替代了两把发梳旗头板，翅面以素缎或青绒缎覆盖，类似于现代的假发套。以冠式呈现但不入冠制，这意味着用者则有制，不用者则无制，这种制度的遵循就是礼服冠。

　　根据清承明制的基本国策，满族贵族女性的发式和佩戴的冠饰会因身份和场合出现严格的等级，通过改变饰物的组合形式、颜色、材质加以区别，如此是以礼服典章制度加以约束。穿朝服需戴朝服冠，穿吉服（彩服）需戴吉服冠或钿子，因尊卑等级不同定制各异，以冠顶饰物及冠后的垂绦颜色加以区分。虽然便服不入典，但礼服制度会外溢到便服行为中，在非正式场合发式与服饰组合形式的规章制度会比照礼服典章，但非强制性，而是指导性，更多的是靠社会伦理维系。大拉翅与便服、常服搭配，是满族妇女除礼服冠之外最重要的发衣形态，饰佩要素越接近礼服冠等级就越高，相反就越低，慈禧的大拉翅甚至出现了凤簪、东珠等礼服冠才有的饰佩。因此，大拉翅走到最后出现礼服化趋势和乱制现象也是晚清独特的风尚。

通过对大拉翅形制要素的梳理，从清入关两把头的满俗到晚清满俗汉制大拉翅的变化和发展历程，其中除了两把头的初心没有改变，还有一个就是大拉翅（两把头）的灵魂，扁方。扁方在满人看来，它之所以视为族属的灵魂，是因为能够发髻为鹰，因此也成为非富即贵的标志性组配。它与汉族妇女的扁簪不仅有相似的形制，纹样系统无论是题材还是工艺亦表现出满汉同源异流的特征，其意涵无不充满着儒家的女德教化，且也一定会辐射到大拉翅表面的饰配上。旗头装饰由早期两把头的右丰左寡到清末硕大旗头板中出现的头正、压发花、压鬓花、各色耳挖簪等众星捧月的样貌，这其中不仅隐寓着萨满母神物语，更充斥着汉俗农耕节令对福德的祈愿。流苏的形式，如此繁复的垂穗虽未入典亦有惯常的"双尊单卑，右尊左卑，有尊无卑"的尊卑表达，而成为满俗汉制的细微之处。这也同样反映在燕尾上。燕尾在两把头时代，是由真发梳两把横髻，用余发梳就尾髻以示尊贵。大拉翅时代变成了由马尾或假发制成，便成为明示尊卑的道具，并以大小来区分等级。这种与大拉翅组配的独特发制还隐藏着一个谜题，燕尾无论从重要性、观赏性还是技艺发展的空间都不如两把髻、扁方和头饰，按照惯常规律，从两把头、架子头到大拉翅的演变过程中，它首先应被淘汰，而事实恰好相反，这其中是否有更深层的含意需要深思和探究。

大拉翅和两把头一样，并没有改变它是满族女子婚后的日常头式，因此它的便装出身决定了不被列入清官方定制典章的命运，所以实物研究成为关键。大拉翅对两把头、燕尾和扁方形制的坚守，没有实物的研究，这个结论是很难得出的。清代服饰收藏家王金华和王小潇提供的成系统的大拉翅标本为其深入研究成为可能。通过对大拉翅标本的旗头板、旗头座、发架结构及其饰物进行全面而深入的信息采集、测绘和复原，得以真实系统地呈现大拉翅不同时期具有代表性的完整信息，大大补充了文献的不足。研究发现大拉翅的旗头板是根据两把头原理裁成多边形裁片折布成器，并与不同形制的扁方组合成标配。发架是终结两把头、产生架子头、发展成大拉翅的关键，也是从发式到发冠的标志物，但并没有改变出身。对不同标本的形制、结构、饰配等因素的比较研究，展现大拉翅从初兴、定型到全盛的形态轨迹。内部发架结构从繁到简，而外部的旗头越来越大，饰配也由精致变得奢侈浮华。大拉翅这种内涵空虚表面繁荣的粉饰现象，还不仅仅是一个王朝或社会由盛转衰的投射，它还需要回答一个历史和民族的物质文化命题：暮世的大拉翅并非一无是处，它的绢花技术无朝可比，它的数纱绣也上了首衣榜。这种物质文化仍对推动历史和社会进步产生作用。对一个民族来说，一种物质文化形成过程的功绩远远超过了它结果的衰微，不能因为它结果的衰微而去否定它过程的功绩。想想看从小两把头、两把头到架子头再到大拉翅，这个过程几乎跨越了整个大清王朝，而大清王朝是中国帝制时代最成功的王朝之一。两把头伴随着康乾盛世，大拉翅又见证着这个王朝的衰微，但都没有改变它作为清朝一个独特的民族文化符号，真可谓成也满族，败也满族。

参考文献

专著

[1] [北朝] 魏收. 魏书·勿吉传卷一百[M]. 北京:中华书局,1974.

[2] [金] 宇文懋昭. 大金国志·男女冠服卷三十九[M]. 明抄本.

[3] [明] 方以智. 通雅[M]. 北京:中国书店出版社,1990.

[4] [明] 王圻,王思义. 三才图会(中)[M]. 上海:上海古籍出版社,1988.

[5] [明] 徐溥,等. 大明会典[M]. 北京:国家图书馆出版社,2009.

[6] [清] 鄂尔泰. 国朝宫史[M]. 北京:北京古籍出版社,2001.

[7] [清] 陈其元. 庸闲斋笔记[M]. 石家庄:河北教育出版社,1996.

[8] [清] 陈元龙. 格物镜原[M]. 扬州:江苏广陵古籍刻印社,1989.

[9] [清] 高宗敕. 皇朝通典[M]. 上海:商务印书馆,1936.

[10] [清] 华广生. 白雪遗音卷三[M]. 北京:中华书局,1959.

[11] [清] 讷尔经额. 兵技执掌图说[M]. 清绘本影印版,1805.

[12] [清] 乾隆. 钦定大清会典则例[M]. 北京:商务印书馆,2013.

[13] [清] 萨囊徹辰. 蒙古源流[M]. 北京:中国书店出版社,2018.

[14] [清] 文康. 儿女英雄传[M]. 江苏:凤凰出版社,2008.

[15] [清] 张集馨. 道咸宦海见闻录[M]. 北京:中华书局,1981.

[16] [清] 张廷玉. 子史精华[M]. 北京:北京古籍出版社,1991.

[17] [清] 赵尔巽. 清史稿[M]. 北京:中华书局,2020.

[18] [日] 青木正儿,内田道夫. 北京风俗图谱[M]. 北京:东方出版社,2019.

[19] [宋] 欧阳修,宋祁. 新唐书卷二一九[M]. 北京:中华书局,1986.

[20] [宋] 叶隆礼. 契丹国志[M]. 上海:上海古籍出版社,1985.

[21] [宋] 庄绰. 鸡肋编[M]. 北京:中华书局,1983.

[22] [唐] 房玄龄. 晋书卷九十七[M]. 北京:中华书局,1974.

[23] [英] 汤姆逊. 中国与中国人影像[M]. 南宁:广西师范大学出版社,2012.

[24] [英] 庄士敦. 从北京到曼德勒[M]. 南京:江苏凤凰出版社,2018.

[25] 北京市民族古籍整理出版社规划小组. 清蒙古车王府藏子弟书[M]. 北京:北京古籍出版社,1994.

[26] 北京燕山出版社. 旧京人物与风情[M]. 北京:北京燕山出版社,1996.

[27] 曾慧. 满族服饰文化研究[M]. 沈阳:辽宁人民出版社,2010.

[28] 曾朴. 孽海花[M]. 上海:上海古籍出版社,1980.

[29] 陈高华,张帆,刘晓党,等. 元典章[M]. 天津:天津古籍出版社,2011.

[30] 崇彝. 道咸以来朝野杂记[M]. 北京:北京古籍出版社,1982.

[31] 单霁翔. 故宫藏影:西洋镜里的宫廷人物[M]. 北京:故宫出版社,2014.

[32] 得舆. 草珠一串[M]. 北京:北京燕山出版社,1962.

[33] 定宜庄. 满族的妇女生活与婚姻制度研究[M]. 北京:北京大学出版社,1999.

[34] 定宜庄. 最后的回忆:十六名旗人妇女口述[M]. 北京:中国广播电视出版社,1999.

[35] 杜德维. 晚清中国的光与影:杜德维的影像记忆(1876-1895)[M]. 北京:北京时代华文书局,2017.

[36] 福格. 听雨丛谈[M]. 北京:中华书局,1984.

[37] 富育光,王宏刚. 萨满教女神[M]. 沈阳:辽宁人民出版社,1995.

[38] 富育光. 图像中国满族风俗叙录[M]. 济南:山东画报出版社,2008.

[39] 故宫博物院. 钦定内务府则例二种(第五册)[M]. 海口:海南出版社,2000.

[40] 关捷. 中华文化通志[M]. 上海:上海人民出版社,1998.

[41] 韩耀旗,林乾. 清代满族风情[M]. 长春:吉林文史出版社,1990.

[42] 何英芳. 啸亭杂录[M]. 北京:中华书局,1980.

[43] 黄时鉴. 通制条格[M]. 杭州:浙江古籍出版社,1986.

[44] 金寄水,周沙奎. 王府生活实录[M]. 北京:中国青年出版社,1988.

[45] 金受申. 老北京的生活[M]. 北京:北京出版社,1989.

[46] 金易,沈义羚. 宫女谈往录[M]. 北京:故宫出版社,2010.

[47] 凯瑟琳·卡尔. 禁苑黄昏——一个美国女画师眼中的西太后[M]. 上海:百家出版社,2001.

[48] 雷广平. 钦定满洲源流考[M]. 长春:吉林文史出版社,2015.

[49] 雷梦水. 中华竹枝词[M]. 北京:北京古籍出版社,1997.

[50] 李提摩太. 亲历晚清四十五年[M]. 北京:人民出版社,2011.

[51] 李芽. 中国古代首饰史[M]. 南京:江苏凤凰文艺出版社,2020.

[52] 李寅. 清东陵揭秘[M]. 北京:中国人事出版社,2001.

[53] 梁启超. 清代学术概论[M]. 上海:上海古籍出版社,1998.

[54] 马尔塔,布艾尔. 蒙古饰物[M]. 呼伦贝尔:内蒙古文化出版社,1994.

[55] 包铭新. 中国北方古代少数民族服饰研究[M]. 上海:东华大学出版社,2013.

[56] 满懿. 满族图案[M]. 北京:中国纺织出版社,2020.

[57] 蒙古学研究文献集成编委会. 御制增订清文鉴[M]. 广西:广西师范大学出版社,2016.

[58] 朴趾源. 热河日记[M]. 上海:上海书店出版社,1997.

[59] 山本赞七郎. 北京名胜[M]. 东京:东京制版所,1909.

[60] 佚名. 元朝秘史[M]. 上海:上海古籍出版社,2008.

[61] 松浦章. 清代海外贸易史研究[M]. 李小林,译. 天津:天津人民出版社,2016.

[62] 松友梅. 小额[M]. 北京:世界图书出版公司,2011.

[63] 孙彦贞. 清代女性服饰文化研究[M]. 上海:上海古籍出版社,2008.

[64] 王国维. 古史新证:王国维最后的讲义[M]. 北京:清华大学出版社,1994.

[65] 王宏刚,富育光. 满族风俗志[M]. 北京:中央民族学院出版社,1994.

[66] 王宏刚. 满族与萨满教[M]. 北京:中央民族大学出版社,2002.

[67] 王宇清. 历代妇女袍服考实[M]. 台北:中国旗袍研究会,1975.

[68] 王渊. 中国明清补服的形与制[M]. 北京:中国纺织出版社,2016.

[69] 吴晗. 朝鲜李朝实录中的中国史料[M]. 北京:中华书局,1980.

[70] 吴士鉴. 清宫词[M]. 北京:北京出版社,1986.

[71] 吴友如. 点石斋画报[M]. 上海:上海文艺出版社,1998.

[72] 吴振棫. 养吉斋丛录[M]. 北京:中华书局,2005.

[73] 邢文军. 风雨如磐:西德尼·D·甘博的中国影像(1917—1932)[M]. 武汉:长江文艺出版社,2015.

[74] 徐珂. 清稗类钞[M]. 北京:中华书局,1984.

[75] 许地山. 许地山散文集[M]. 北京:北方文艺出版社,2019.

[76] 杨茂. 满族民俗[M]. 北京:知识出版社,2002.

[77] 杨锡春. 满族风俗考[M]. 哈尔滨:黑龙江人民出版社,1988.

[78] 叶大兵,叶丽娅. 头发与发饰民俗[M]. 沈阳:辽宁人民出版社,2000.

[79] 叶梦珠. 阅世篇[M]. 沈阳:辽宁人民出版社,2000.

[80] 叶子奇. 草木子[M]. 北京:中华书局,1959.

[81] 喻大华. 晚清文化保守思潮研究[M]. 北京:人民出版社,2001.

[82] 载涛,郓宝惠. 清末贵族的生活[M]. 北京:文史资料出版社,1983.

[83] 张明. 外国人拍摄的中国影像[M]. 北京:中国摄影出版社,2018.

[84] 张振江. 萨满神话图说[M]. 北京:人民美术出版社,2008.

[85] 赵翼. 陔余丛考[M]. 石家庄:河北人民出版社,2007.

[86] 夏仁虎. 旧京琐记[M]. 台北:纯文学出版社,1983.

[87] 中华世纪坛世界艺术馆. 晚清碎影：约翰·汤姆逊眼中的中国[M]. 北京：中国摄影出版社，2009.

[88] 清实录[M]. 北京：中华书局，2012.

[89] 周虹. 满族妇女生活与民俗文化研究[M]. 北京：中国社会科学出版社，2005.

[90] 周梦. 中国民族服饰变迁融合与创新研究[M]. 北京：中央民族大学出版社，2013.

[91] 庄吉发. 清史论集(二十三)[M]. 台北：文史哲出版社，2013.

[92] 宗凤英. 清代宫廷服饰[M]. 北京：紫禁城出版社，2004.

[93] 最新实用民俗大百科编委会. 最新实用民俗大百科万年历(1931-2050)[M]. 武汉：武汉大学出版社，2010.

论文

[94] 包铭新，李晓君. 清宫《穿戴档》与皇帝礼服和吉服的穿戴方式[J]. 档案，2009(2)：33-38.

[95] 陈玉霞. 清代冠服制度的定制和特点[J]. 文物春秋，1992(4)：47-50.

[96] 邸雯钰. 清朝宫廷皇室女子发式在影视作品中的创新研究[D]. 西安：西安工程大学，2015.

[97] 方芳. 清代满蒙联姻中的女性研究[J]. 河北北方学院学报(社会科学版)，2018，34(1)：53-57.

[98] 冯静. 如展画轴——清代满族民间扁方赏析[J]. 艺术品，2016(3)：92-103.

[99] 管彦波. 中国少数民族发髻说略[J]. 广西民族研究，1995(2)：58-62.

[100] 华立. 清代的满蒙联姻[J]. 民族研究，1983(2)：45-54.

[101] 李英华. 清代冠服制度的特点[J]. 故宫博物院院刊，1990(1)：63-66.

[102] 罗玮. 明代的蒙元服饰遗存初探[J]. 首都师范大学学报(社会科学版)，2010(3)：21-28.

[103] 毛立平. 清代皇族女性嫁妆中的首饰[J]. 紫禁城，2016(7)：114-127.

[104] 奇文瑛. 满蒙文化渊源关系浅析[J]. 清史研究，1992(4)：55-65.

[105] 苏日嘎拉图. 满蒙文化关系研究[D]. 北京：中央民族大学，2003.

[106] 童文娥. 清院本《亲蚕图》研究[J]. 故宫文物月刊，2006(278).

[107] 王佐贤. 清代满族嫁女妆奁[J]. 紫禁城，1987(6)：43-44.

[108] 竺小恩. 论清代满、汉服饰文化关系[J]. 浙江纺织服装职业技术学院学报，2008(4)：42-48.

[109] 扬之水. 明代金银首饰图说[J]. 收藏家，2008(8)：57-64.

[110] 扬之水. 明代金银首饰图说(续一)[J]. 收藏家，2008(12)：35-40.

[111] 扬之水. 明代金银首饰图说(续二)[J]. 收藏家，2009(2)：27-34.

[112] 扬之水. 中国国家博物馆藏清代首饰服装知见录[J]. 中国国家博物馆馆刊，2018(10)：126-146.

附 录

附录1 蒙古族旗头

清朝是历史上多民族文化融合最广泛而深刻的朝代之一，最具标志性的就是满蒙藏汉的融合。在族属上又有满蒙不分家的传统，亦保留有"母权"的氏族遗风。蒙古族的发式习俗也受到了满族的影响，女尊男卑，妇奢夫寡。蒙古族男子发式同满族一样，或许一生只有薙发留辫。而蒙古族妇女一生中发式迭现，且满蒙同源异流。蒙古族未婚女子多梳单辫，辫根扎红头绳；已婚妇女梳髻，盘至脑后。在边远地区的蒙古族已婚妇女，梳两个长辫，用黑布做两只辫套，将辫子装在里面，垂于胸前，辫套上绣有花纹或缀以银质圆牌首饰，蒙古语称"哈都尔"；或绾髻于后颅，中插珊瑚、孔雀石、翡翠、玛瑙石等制成的头饰。贵族已婚妇女，多效仿满族妇女的发式，梳一字头（两把头）如意头和大拉翅。蒙古族大拉翅发形和满族并无区别，但放弃黑色和无发架，表现出蒙古族妇女所梳的旗头在造型上是没有满族原始宗教崇拜更强调密宗[1]，而属于突出显宗[2]直观的外形模仿。蒙古族旗头整体造型由上下旗头板和旗头座两部分组成，上部旗头板用铁丝撼成，一字型扇翅或曲翅，并用面料包裹，表面装饰不同形状的吉祥纹样，也是各种金银宝石制成的细饰。下部旗头座由五根铁丝焊接而成，形如扣碗状，以面料包裹，并装饰蝙蝠纹样。可见整体纹样有典型的汉俗信息，无疑表现出满蒙汉同源异流的特点，也是中华民族多元一体文化特质的生动实证。

清代末年也是徽班进京的历史时期，人们对京剧的喜爱快速飙升，是因为慈禧的喜欢成为宫廷戏的原因，京剧成为这一时期的国剧。京剧中增加了满式行头，大拉翅就继承了这个时期的满族传统，并在此基础上通过满汉文化的融合不断改良与创新。而清末民初大拉翅的基本形制并未根本改变，形成了京剧中独特的戏服风格，并成为定式至今。

---

1 密宗，即"秘密之宗"，佛教大乘八大宗派之一，一为胎藏界，一为金刚界。
2 显宗，密宗以外的佛教诸派别，包括净土宗、三论宗、唯识宗、天台宗、华严宗、禅宗、律宗。

附录1-1　蒙古族曲翅旗头

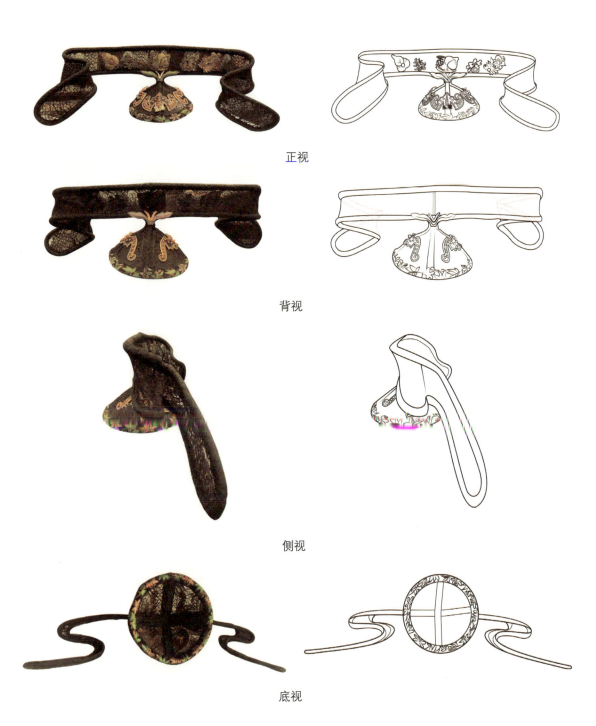

正视

背视

侧视

底视

附录1-2 蒙古族扇翅旗头

来源：私人收藏

附录1-3 蒙古族大拉翅旗头

时间：晚清

来源：王金华藏

正视

背视

底视

附录2　扁方实物信息整理

附录2-1　短扁方

基本信息　材质：铜扁方；尺寸：14.5cm×2.5cm；工艺：錾花；来源：佟悦藏

基本信息　材质：铜扁方；尺寸：14.6cm×4.5cm；工艺：錾花；来源：佟悦藏

基本信息　材质：铜扁方；尺寸：18.2cm×4.3cm；工艺：錾花；来源：佟悦藏

基本信息　材质：铜扁方；尺寸：15cm×5cm；工艺：錾花；来源：佟悦藏

基本信息　材质：铜扁方；工艺：錾花；来源：冯静藏

基本信息　材质：铜扁方；尺寸：14.7cm×2cm；工艺：錾花；来源：佟悦藏

基本信息 材质：铜扁方；尺寸：19cm×3.4cm；工艺：镂空；来源：佟悦藏

基本信息 材质：铜扁方；尺寸：12.5cm×5cm；工艺：錾花；来源：佟悦藏

 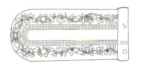

基本信息 材质：铜扁方；尺寸：12.3cm×5.2cm；工艺：錾花；来源：佟悦藏

基本信息 材质：铜扁方；尺寸：19.9cm×3.7cm；工艺：錾花；来源：佟悦藏

基本信息 材质：铜扁方；尺寸：17cm×3.1cm；工艺：錾花；来源：佟悦藏

基本信息 材质：铜扁方；尺寸：16.8cm×4.5cm；工艺：錾花；来源：佟悦藏

基本信息 材质：铜扁方；尺寸：12cm×2.9cm；工艺：錾花；来源：佟悦藏

基本信息 材质：铜扁方；尺寸：11.5cm×3.4cm；工艺：錾花；来源：佟悦藏

附录2-2 长扁方

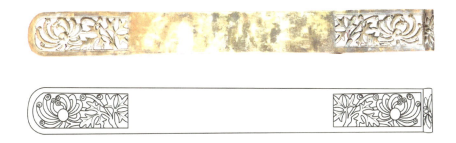

基本信息 材质：铜扁方；尺寸：31.5cm×3.3cm；工艺：镂空、錾花；来源：佟悦藏

基本信息 材质：金扁方；尺寸：34cm×5.5cm；工艺：錾花；来源：王金华藏

基本信息 材质：铜扁方；尺寸：21.6cm×3.1cm；工艺：珐琅彩、錾花；来源：佟悦藏

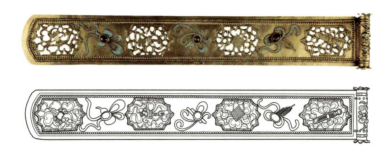

基本信息　材质：金扁方；尺寸：36cm×4.5cm；工艺：錾花；来源：王金华藏

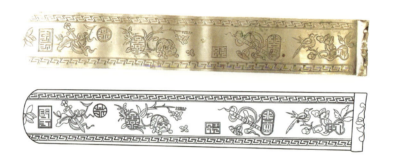

基本信息　材质：铜扁方；尺寸：24cm×3cm；工艺：錾花；来源：佟悦藏

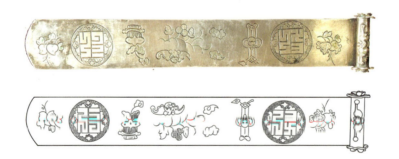

基本信息　材质：铜扁方；尺寸：21cm×3cm；工艺：錾花；来源：佟悦藏

基本信息　材质：铜扁方；尺寸：26.3cm×2.5cm；工艺：錾花；来源：佟悦藏

基本信息 材质：铜扁方；尺寸：21cm×3cm；工艺：錾花；来源：佟悦藏

基本信息 材质：铜扁方；尺寸：23cm×2.5cm；工艺：錾花；来源：佟悦藏

基本信息 材质：金扁方；尺寸：40cm×4.5cm；工艺：镂空、錾刻；来源：王金华藏

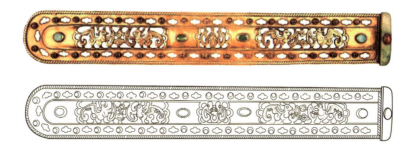

基本信息 材质：金扁方；尺寸：35cm×5cm；工艺：镂空、錾花、镶嵌；来源：王金华藏

基本信息 材质：金扁方；尺寸：32cm×6cm；工艺：镂空、点翠；来源：王金华藏

基本信息 材质：银扁方；尺寸：35cm×3cm；工艺：錾花；来源：王金华藏

基本信息 材质：银扁方；尺寸：27.6cm×3.3cm；工艺：錾花；来源：佟悦藏

基本信息 材质：银扁方；尺寸：35cm×3cm；工艺：錾花；来源：王金华藏

基本信息 材质：铜扁方；尺寸：32.2cm×2.5cm；工艺：錾花；来源：佟悦藏

基本信息 材质：金扁方；尺寸：36cm×4.5cm；工艺：镂空、镶嵌；来源：王金华藏

基本信息 材质：金扁方；尺寸：36.5cm×5.5cm；工艺：镂空、镶嵌；来源：王金华藏

基本信息 材质：银鎏金扁方；尺寸：36cm×5cm；工艺：镂空、镶嵌；来源：王金华藏

基本信息 名称：白玉镂雕盘缠纹扁方；尺寸：28.9cm×3cm；时间：清；来源：故宫博物院藏

基本信息 名称：玳瑁镶珠石翠花扁方；尺寸：33cm×3cm；时间：清；来源：故宫博物院藏

基本信息 名称：伽南香碧玺扁方；尺寸：29.8cm×2.9cm；时间：清；来源：故宫博物院藏

基本信息 名称：白玉嵌莲荷纹扁方；尺寸：29.8cm×2.9cm；时间：清；来源：故宫博物院藏

基本信息　名称：金累丝点翠扁方；尺寸：30.6cm×2.7cm；时间：清；来源：故宫博物院藏

基本信息　名称：翠扁方；尺寸：34.4cm×23.1cm；时间：清；来源：故宫博物院藏

基本信息　材质：金嵌玉石扁方；尺寸：30.7cm×3.9cm；时间：清；来源：故宫博物院藏

基本信息　材质：金錾花镶珠宝扁方；尺寸：31cm×4.3cm；时间：清；来源：故宫博物院藏

基本信息　材质：金錾花双喜扁方；尺寸：30.2cm×4cm；时间：清；来源：故宫博物院藏

基本信息　材质：金镂空嵌珠石扁方；尺寸：34.7cm×4.7cm；时间：清；来源：故宫博物院藏

基本信息　材质：金镂空蝠寿扁方；尺寸：32cm×4.3cm；时间：清；来源：故宫博物院藏

附录3 大拉翅标本信息汇要

附录3-1 石青头正点翠大拉翅

时间：晚清

来源：王金华藏

正视　　　　　　　　　　正视

背视　　　　　　　　　　背视

扁方

石青头正点翠大拉翅形制饰配

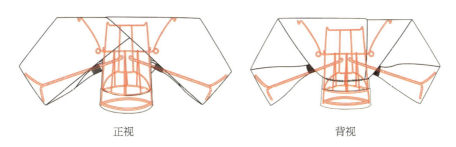

正视　　　　　　　　　　背视

石青头正点翠大拉翅结构透视图

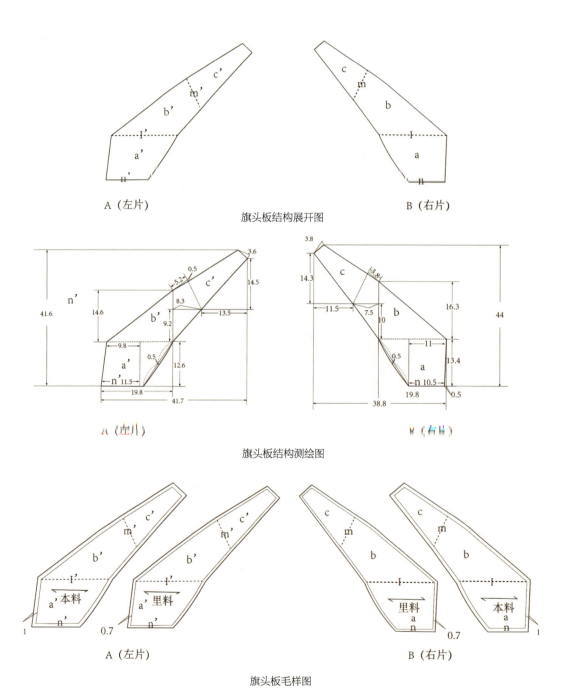

旗头板结构展开图

旗头板结构测绘图

旗头板毛样图

石青头正点翠大拉翅旗头板测绘与结构复原

C (前片)　　　　　　D (后片)

款式图

C (座身前片)　　　　　　E (座箍)　　　　　　D (座身后片)

主结构图

C (座身前片)　　　　　　E (座箍)　　　　　　D (座身后片)

毛样图

石青头正点翠大拉翅旗头座测绘与结构复原

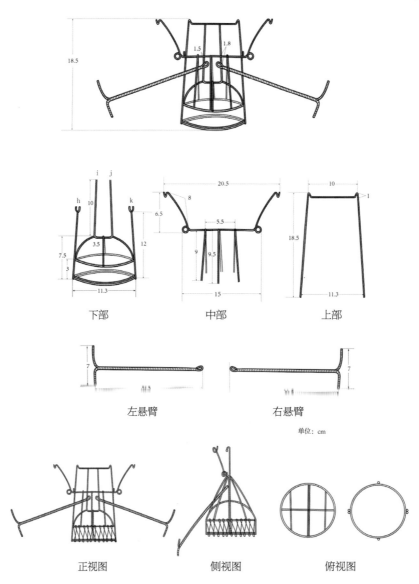

下部   中部   上部

左悬臂   右悬臂

单位：cm

正视图   侧视图   俯视图

石青头正点翠大拉翅发架测绘与结构图复原

附录3-2 银点翠头正大拉翅

时间：晚清

来源：王金华藏

正视　　　　　　　　　　背视

正视　　　　　　　　　　背视

扁方

银点翠头正大拉翅形制饰配

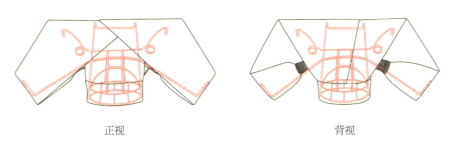

正视　　　　　　　　　　背视

银点翠头正大拉翅结构透视图

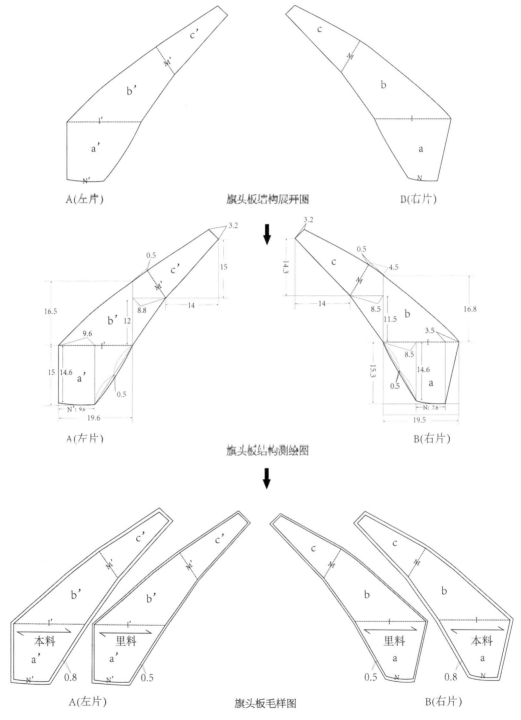

A(左片)　　　　旗头板结构展开图　　　　B(右片)

A(左片)　　　　旗头板结构测绘图　　　　B(右片)

A(左片)　　　　旗头板毛样图　　　　B(右片)

银点翠头正大拉翅旗头板测绘与结构复原

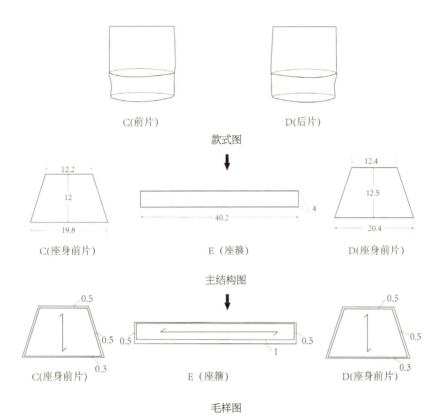

C(前片)   D(后片)

款式图

12.2
12   12.4
                               12.5
19.8   40.2   20.4
                        4

C(座身前片)   E（座箍）   D(座身前片)

主结构图

0.5   0.5
0.5   0.5   0.5   0.5
0.3   0.5   1   0.3

C(座身前片)   E（座箍）   D(座身前片)

毛样图

银点翠头正大拉翅旗头座测绘与结构复原

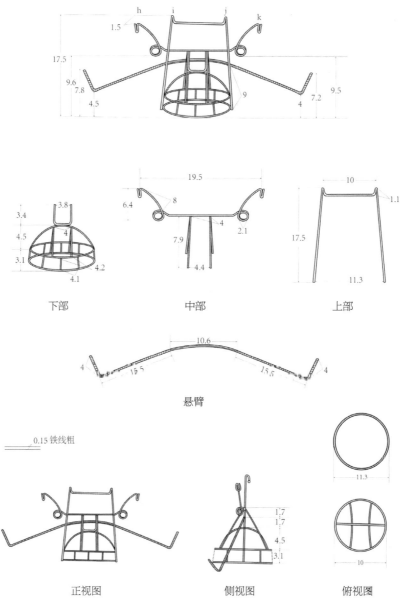

下部   中部   上部

悬臂

0.15 铁线粗

正视图   侧视图   俯视图

银点翠头正大拉翅发架测绘与结构复原

附录3-3 牡丹纹银点翠大拉翅

时间：晚清

来源：王金华藏

正视　　　　　　　　　　背视

正视　　　　　　　　　　背视

扁方

牡丹纹银点翠大拉翅形制饰配

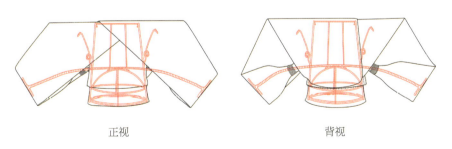

正视　　　　　　　　　　背视

牡丹纹银点翠大拉翅结构透视图

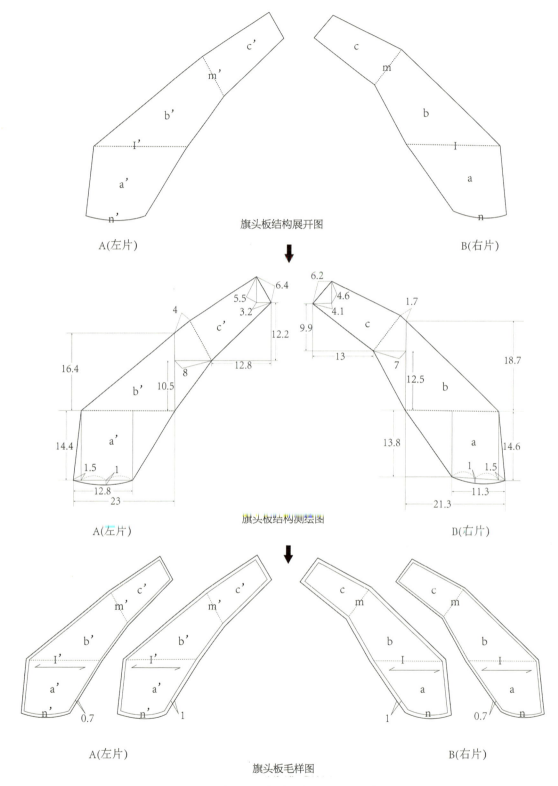

旗头板结构展开图

A(左片)   B(右片)

旗头板结构测绘图

A(左片)   D(右片)

旗头板毛样图

A(左片)   B(右片)

牡丹纹银点翠大拉翅旗头板测绘与结构复原

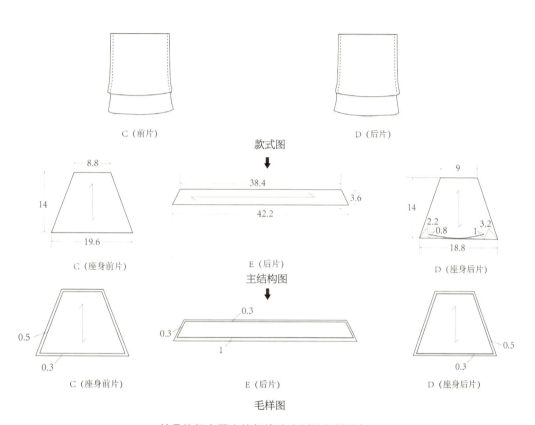

C（前片）　　　　　款式图　　　　　D（后片）

8.8

14

19.6

C（座身前片）

38.4

3.6

42.2

E（后片）
主结构图

9

14

2.2
0.8　　1　3.2

18.8

D（座身后片）

0.5

0.3

C（座身前片）

0.3

0.3

1

E（后片）

0.5

0.3

D（座身后片）

毛样图

牡丹纹银点翠大拉翅旗头座测绘与结构复原

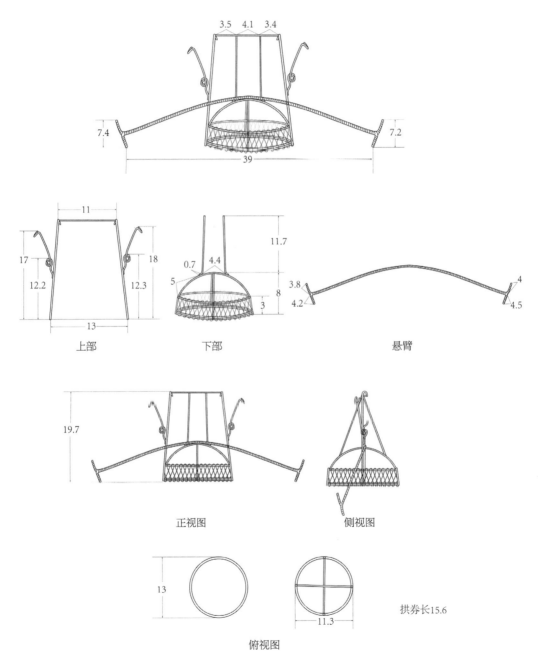

上部　　　　下部　　　　悬臂

正视图　　　　侧视图

拱券长15.6

俯视图

牡丹纹银点翠大拉翅发架测绘与结构复原

附录3-4　芍药绢花假发盔大拉翅

时间：晚清

来源：王小潇藏

正视　　　　　　　　　　　背视

正视　　　　　　　　　　　背视

芍药绢花假发盔大拉翅形制饰配

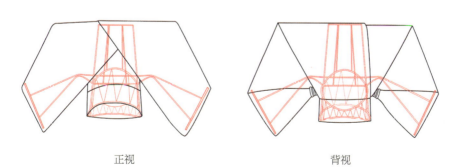

正视　　　　　　　　　　　背视

芍药绢花假发盔大拉翅结构透视图

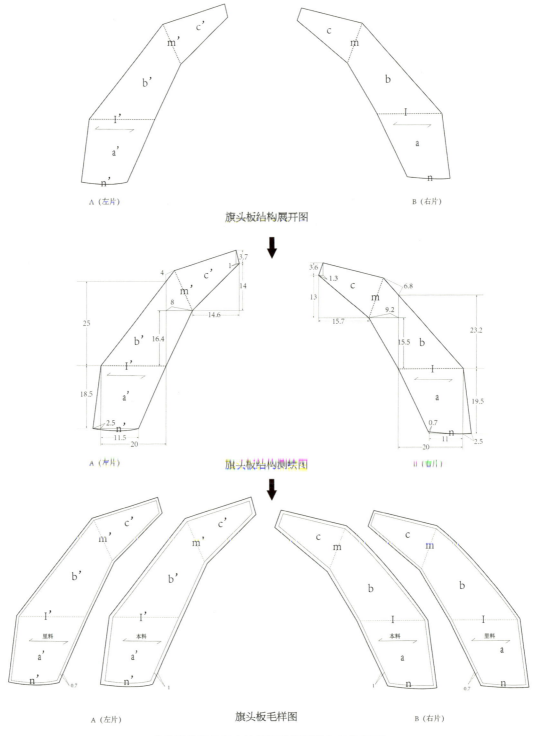

A（左片）　　　　　　　　　　B（右片）

旗头板结构展开图

A（左片）　　　旗头板结构测绘图　　　B（右片）

A（左片）　　　　　旗头板毛样图　　　　　B（右片）

芍药绢花假发盔大拉翅旗头板测绘与结构复原

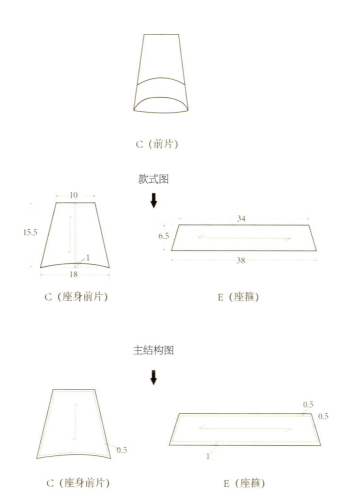

C（前片）

款式图

↓

15.5

C（座身前片）

E（座箍）

主结构图

↓

C（座身前片）

E（座箍）

毛样图

芍药绢花假发盔大拉翅旗头座测绘与结构复原

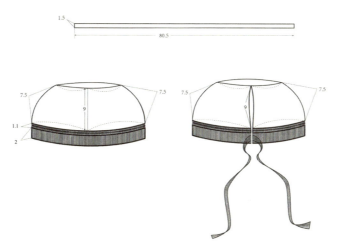

芍药绢花假发盔大拉翅假发盔测绘与复原

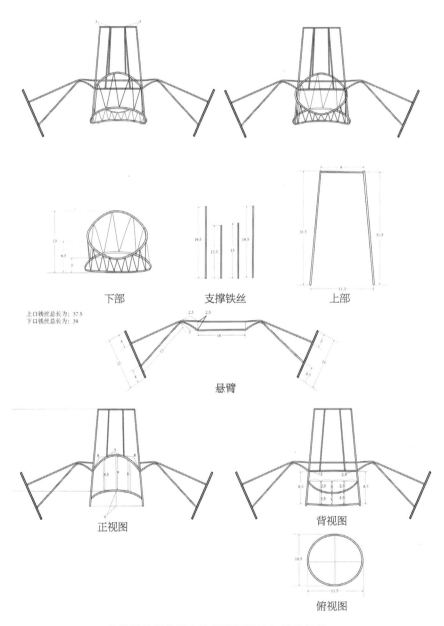

下部　　　　　支撑铁丝　　　　　上部

上口铁丝总长为：37.5
下口铁丝总长为：39

悬臂

正视图　　　　　　　　　背视图

俯视图

芍药绢花假发盔大拉翅发架测绘与结构复原

附录3-5　博物馆藏大拉翅

正视

正视

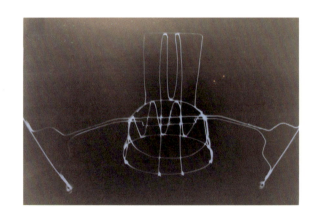

透视图

复原发架

纸胎点翠大拉翅（晚清）
（来源：中国台湾发簪博物馆藏）

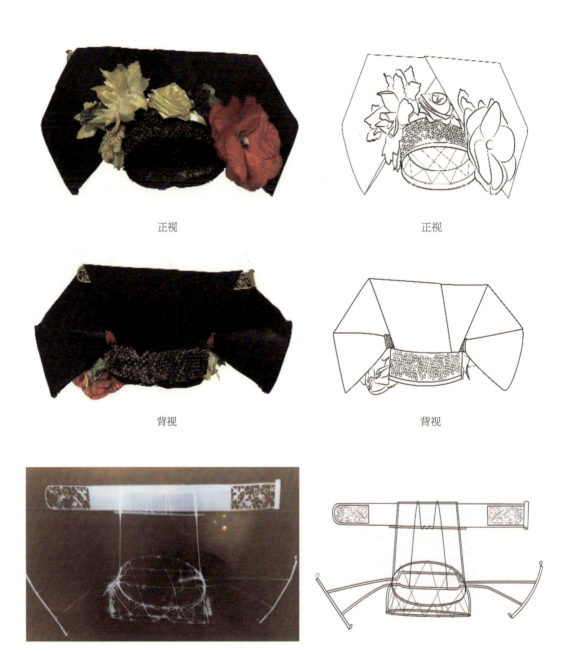

正视   正视

背视   背视

透视图   复原发架

石青绢花串珠箍大拉翅（晚清）
（来源：中国台湾发簪博物馆藏）

背视　　　　　　　　　　　　　背视

背视　　　　　　　　　　　　　背视

石青万字盘缠纹发箍大拉翅（晚清）

（来源：聚鼎堂藏）

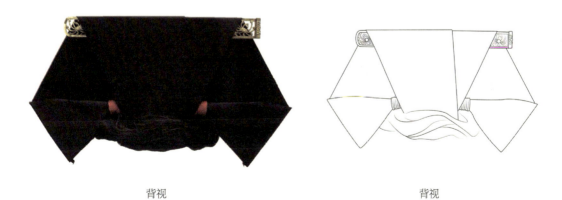

背视　　　　　　　　　　　　　背视

石青素面大拉翅（晚清）

（来源：哥伦比亚大学人类学博物馆藏）

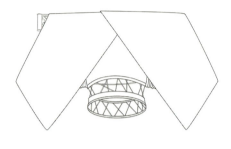

正视　　　　　　　　　　　　　　　　　　　正视

石青素面网箍大拉翅（晚清）
（来源：美国大都会博物馆藏）

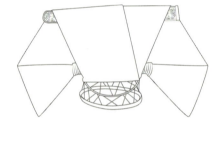

背视　　　　　　　　　　　　　　　　　　　背视

石青网箍大拉翅（晚清）
（来源：《蓝翠鸟》）

背视　　　　　　　　　　　　　　　　　　　背视

石青钿花大拉翅（晚清）
（来源：《蓝翠鸟》）

附录4 术语索引

附录5　图录

附录6 表录

后 记

　　《满族服饰结构与形制》《满族服饰结构与纹样》《大拉翅与衣冠制度》是五卷本《满族服饰研究》的卷一、卷二和卷四。在满族服饰研究之前做了针对满族文化的服饰标本、民俗、历史、地理学、文化遗存的田野调查等基础性研究，并纳入到倪梦娇、黄乔宇和李华文的硕士研究课题。课题方向的确定与清代服饰收藏家王金华先生提供的实物支持有关。他的藏品最大特点是满蒙汉贵族服饰成系统收藏，等级高、品相好、保留信息完整。他还有多部专业的藏品专著出版，被誉为学者型收藏家。此为本课题满汉服饰文化的比较研究和清代民族交往、交流、交融的探索提供了绝佳的实物研究资料。特别是提供的清末满族贵族妇女氅衣、衬衣的系统藏品，为其结构与形制、纹样的深入研究得到了实物保证，为追考文献和图像史料以及相关的学术发现、有史无据等问题的探索都给予了实物支持。以满族妇女常服作为研究重点，还有一个重要原因，就是不论在有关满族的官方、地方和私人博物馆等都没有像王金华先生那样有成套的满族大拉翅收藏。要知道大拉翅作为便冠，最有经济价值的是它标配的扁方。这就是为什么无论是博物馆还是藏家对大拉翅收藏都钟情于扁方，甚至被称为收藏专项，而帽冠本体被弃之，即使保留还是要视其中的钿饰多寡而定。而王金华先生不同，不论有无经济价值，都要完整收藏。这种堪称教科书式藏品的历史信息，使它的历史价值、学术价值大大超越了它们的经济价值。且他无私地悉数提供研究，这种学者藏家的文化精神和民族大义令人折服。

　　因此，拥有成系统的满族服饰标本，就应该有一个成系统和深入研究的方案。根据这些标本形成了《满族服饰结构与形制》《满族服饰结构与纹样》和《大拉翅与衣冠制度》三个分卷的实物基础，制定了"王系标本"的研究方案。从2018年1月到2019年11月历时一年多的实物考据，为文献研究和实地学术调查提供了线索，配合满族文化发祥地的历史地理学调查和中原多民族交流史的物质遗存学术调查，也成为既定的基础性研究内容。

　　满族文化发祥地自然要聚焦在东北。在实物研究的中后期，组成导师刘瑞璞，成员倪梦娇、黄乔宇、李华文和何远骏考察团队，带着实物研究产生的问题到东北走访了满俗专家满懿教授和原沈阳故宫博物院研究室主任佟悦先生。

在满懿教授的推荐下，对满洲发祥地坐落在抚顺新宾满族自治县努尔哈赤起兵的赫图阿拉故地进行了调查，并得到满族池源老师的指导。调查的现实是，似乎满洲的影子全无，当地政府和民俗专家试图恢复满洲故地的面貌和物质文化遗存，但大都出于旅游的考虑，历史和学术价值有限，我们内心变得异常复杂。这让我们又回到有代表性民族交融遗存的调查上来。为什么清朝成为从民族融合到民族涵化的集大成者，是离不开"合久必分，分久必合"周期率的。不论是汉族政权还是北方少数民族政权，从魏晋南北朝、辽金元到清都集中在山西这片土地上，同时山西又是可以涵盖整个中华民族五千年文明史的标志性地域。因此在东北满族文化故地调查之后就进行了山西为期一个月的中原多民族交流史的物质遗存学术调查。

调查时间从2019年2月24日到3月20日为期一个月左右，由导师刘瑞璞，成员倪梦娇、黄乔宇和服饰企业家李臣德组成的团队，以自驾方式作"民族融合物质文化"历史地理学调查。除了晋以外还涉及陕豫两省，调查项目目的地共计104处，综合博物馆主要是山西博物院（晋中），晋北大同博物馆和晋南临汾博物馆。文化遗存有晋祠、双林寺、镇国寺、永乐宫、佛光寺等83处。文化遗址为晋国遗址博物馆、陶寺遗址、虢国遗址博物馆、云冈石窟等17处。通过山西具有代表性民族融合的文化遗存、遗址和有关服饰古代物质文化等统计发现，大清满洲服饰的形制结构、纹样儒化，比其他少数民族统治的政权更具有"民族涵化"的特质。例如在山西考古发现的服饰物质遗存，从魏晋南北朝到辽金元服饰的衽式都是左右衽共治，只有清朝采用与汉统一致的右衽制。纹饰的"满俗汉制"与其说是"汉化"，不如说是"满化"，满族妇女便服的挽袖满纹、错襟、隐襴等都表现出青出于蓝而胜于蓝独特的历史样貌。山西为期一个月的"民族融合物质文化"学术调查，是针对倪梦娇的"结构与形制"和黄乔宇的"结构与纹样"研究课题计划的。由于李华文此前得到台湾访学的机会，其研究课题"大拉翅结构研究"就得到了台湾学术调查的意外收获。因此大拉翅研究就有了台湾一手材料的补充：得到了台北"故宫博物院"铜质以外宫廷的大拉翅扁方补白，如玳瑁、白玉、金、茄楠木等扁方在民间极少见到；收获了台湾发簪博物馆两顶大拉翅标本、20余件满蒙扁方、大拉翅CT图像和一百余张晚清满蒙汉妇女头饰图像文献史料；对台湾大学图书馆相关风俗志文献、图像和实物史料进行了针对性研究；还得到台湾满族协会会长袁公瑾先生、收藏家吴依璇女士、柯基生先生、台湾实践大学许凤玉教授、传统服饰专家郑惠美教授的指导和实物研究等支持，谨此聊表谢忱。

在此，还要对本课题研究过程中团队成员朱博伟、陈果、常乐、唐仁惠、乔滢锦、郑宇婷、何远骏、韩正文等给予的各种协作、帮助和支持一并表示感谢。

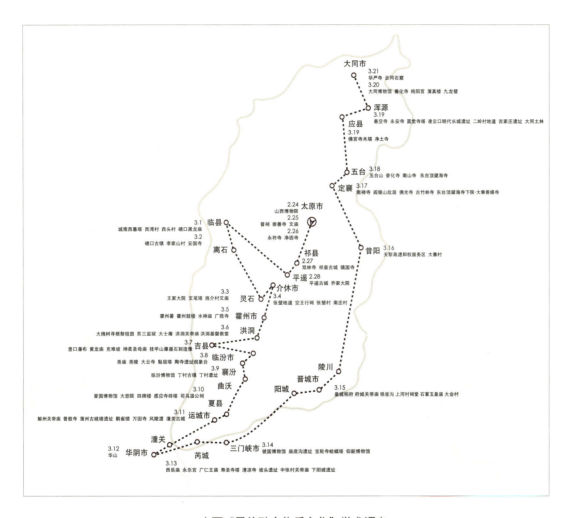

山西"民族融合物质文化"学术调查

作者于2023年5月